काजू आयात-निर्यात

प्रक्रिया, आव्हाने, संधी आणि स्पर्धात्मकता

डॉ. परशराम पाटील

Kaju Aayat- Niryat : Prakriya, Aavhane, Sandhi Aani Spardhatmkata

© Dr. Parshram Patil, 2022

काजू आयात-निर्यात : प्रक्रिया, आव्हाने, संधी आणि स्पर्धात्मकता

© डॉ. परशराम पाटील, २०२२

प्रथम आवृत्ती	:	सप्टेंबर, २०२२
भाषांतर	:	भालचंद्र सुपेकर
मांडणी व मुखपृष्ठ	:	उमेश कव्हर/शांतिनाथ चौगुले
मुद्रितशोधन	:	अपर्णा देगांवकर
प्रकाशक	:	सकाळ मीडिया प्रा. लि.
		५९५, बुधवार पेठ, पुणे ४११ ००२
ISBN	:	978-93-95139-17-5
संपर्क	:	०२०-२४४० ५६७८ / ८८८८८ ४९०५०
		sakalprakashan@esakal. com

ज्यांच्याशिवाय मी या पुस्तकाचे एक पानही लिहिले नसते;
ज्यांच्या आशीर्वादानेच हे पुस्तक साकार झाले आहे,
त्या माझ्या पालकांचा मी अत्यंत ऋणी आहे...
त्यांना हे पुस्तक समर्पित!

प्रस्तावना

नवीन कृषी निर्यात धोरणाचा मुख्य उदेश शेतकऱ्यांना आधुनिक व्यापार आणि वाणिज्य-संबंधित प्रक्रियेमध्ये सहभागी करून घेणे आणि त्याद्वारे त्यांच्या उत्पन्नात लक्षणीय वाढ करणे हा आहे. उत्पादन, प्रक्रिया, निर्यात या बाबतीत भारत हा जागतिक काजू अर्थव्यवस्थेत महत्त्वाचा घटक आहे. भारतीय ग्रामीण अर्थव्यवस्थेसाठी लाखो काजू शेतकऱ्यांच्या उत्पन्नाचा तो एक महत्त्वाचा स्रोत आहे; हे आपल्याला माहीत आहे. पोषक घटकांचा व्यापक दृष्टिकोनातून विचार केला; तर काजूसारखी फळे राष्ट्रीय अन्नसुरक्षेत अतिशय महत्त्वाची भूमिका बजावत आहेत.

देशाच्या कृषी परिस्थितीमध्ये बहुतेक भागांमध्ये भारतीय काजूचे चांगले पीक घेतले जाते. त्यामुळेच भारताच्या कृषी अर्थव्यवस्थेत काजू हे एक अतिशय महत्त्वाचे पीक बनले आहे. आकार, रंग, विविधता, चव आणि सुगंध यांमुळे भारतीय काजूला जगभरात अनोखी मागणी आहे. जागतिक बाजारपेठांच्या एकत्रीकरणाने कालांतराने कृषी निर्यातीत अनेक बदल घडवून आणले. कृषी निर्यातीची स्पर्धात्मकताही दर, शुल्क, वित्त, निर्यात, पायाभूत सुविधा आणि धोरणात्मक मार्गदर्शक तत्त्वे अशा अनेक घटकांवर अवलंबून असते.

भारताची काजू निर्यात ही स्पर्धात्मक बाब आहे. आंतरराष्ट्रीय काजूगराच्या बाजारपेठेचे (International Cashew Krenel Market) स्वरूप गतिशील आहे. शेतकरी आणि लघुउद्योजकांना यांमध्ये सहज प्रवेश करता येत नाही. त्यामुळे ते कच्चा काजू, काजूच्या किमती आणि बाजारातील उलाढालींचा अंदाज लावू शकत नाहीत. जागतिक बाजारपेठांच्या एकत्रीकरणामुळे काजू निर्यातीत अनेक बदल घडून आले आहेत. भारत हा जगातील सर्वात मोठा काजू उत्पादक देश असला तरी, भारताला निर्यात बाजारातील अनेक गंभीर आव्हानांचा सामना करावा लागत आहे.

सामान्यतः काजू उद्योगाच्या वाढीवर आणि विशेषतः शेतकऱ्यांच्या उत्पन्नावर या आव्हानांचा नकारात्मक परिणाम होत आहे. त्यामुळे जागतिक काजू निर्यात बाजारपेठेत भारताचा वाटा वाढवण्यासाठी उच्च काजू निर्यात स्पर्धात्मकता महत्त्वाची आहे.

– डॉ. शेखर गायकवाड
साखर आयुक्त, महाराष्ट्र राज्य

मनोगत

भारतात ग्रामीण अर्थव्यवस्थेच्या सर्वांगीण विकासासाठी काजू उद्योगाची वाढ महत्त्वाची आहे. मी एका काजू शेतकऱ्याचा मुलगा असल्याने याचा जवळून अभ्यास मी केला आहे. सध्या कृषी अर्थशास्त्रज्ञ म्हणून राष्ट्रीय आणि आंतरराष्ट्रीय संस्थांसोबत मी काम करत आहे. त्यामुळे एक शेतकरी, संशोधक, सल्लागार, धोरण विश्लेषक म्हणून मी काजू उद्योग खूप जवळून पाहिला आहे. प्रा. डॉ. श्रीकृष्ण महाजन यांच्यामुळे मला माझ्या पी.एचडी. संशोधनासाठी काजू उद्योगात काम करण्याची संधी मिळाली. काजू उद्योगाच्या विविध पैलूंवर मी विस्तृतपणे काम केले आहे आणि त्यातील समस्या धोरणकर्त्यांसमोर मांडल्या आहेत.

काजू निर्यातीत मोठी संधी आहे, त्यासाठी काजू निर्यातीची अर्थव्यवस्था समजून घेणे आवश्यक आहे. भारतीय काजू उद्योगांचे भवितव्य बहुतांशी महाराष्ट्रावर अवलंबून आहे. काजू उत्पादन, प्रक्रिया, निर्यात यांमध्ये महाराष्ट्र हे भारतातील पहिल्या क्रमांकाचे राज्य आहे, म्हणून हे पुस्तक मराठीत लिहिले आहे. काजू उद्योगातील सर्व घटकांसाठी उपयुक्त असणारे हे पुस्तक भारतीय काजू निर्यात अर्थव्यवस्थेबद्दलचे चित्र स्पष्ट करते.

पुस्तक लिहिणे हा माझ्यासाठी मोठा प्रवास होता! माझी पत्नी संजीवनीच्या पाठिंब्याशिवाय हे लिखाण पूर्णत्वास गेले नसते. याशिवाय विनय सहस्रबुद्धे, प्रा. डॉ. नरेंद्र जाधव, डॉ. कैलास बावळे, डॉ. एस. एस. महाजन, डॉ. विश्वनाथ सदामते, पत्रकार मित्र टेकचंद सोनवणे यांचे पुस्तकासाठी वेळोवेळी सहकार्य लाभले; त्याबद्दल त्यांचे आभार! सकाळ प्रकाशनाने पुस्तक प्रकाशित करण्याची तयारी दर्शविल्याबद्दल दीपाली चौधरी यांचे आणि त्यांचे सहकारी अंजली इंगवले, शांतिनाथ चौगुले, उमेश कव्हर यांचे मी विशेष आभार मानू इच्छितो!

अनुक्रमणिका

काजू उद्योगाची वाटचाल

परिशिष्ट

विभाग : १
काजू उद्योगाची वाटचाल

१. काजू उद्योगावर एक दृष्टिक्षेप

भारतीय मुक्त अर्थव्यवस्थेत काजू उद्योगाची भूमिका महत्त्वाची असून, काजू हे एक उच्च निर्यातक्षम कृषी उत्पादन आहे. काजू (शास्त्रीय नाव : Anacardium occident ale L.) हा मूळचा पूर्व ब्राझीलमधील वृक्ष असून तो पोर्तुगीजांनी पाच शतकांपूर्वी भारतात आणला. भारतात प्रथम काजूची लागवड ही गोव्यात करण्यात आली. तिथून तो पुढे देशातील इतर भागांत पसरला.

सुरुवातीला काजूचा वृक्ष मातीची धूप रोखण्यास उपयुक्त म्हणून त्याची लागवड होत असली तरी व्यावसायिक लागवड १९६०च्या दशकात सुरू झाली. पुढील काळात काजू मोठे आर्थिक मूल्य देणारे पीक ठरले. काजूने एक निर्यातक्षम कृषी उत्पादन म्हणून स्थान मिळविले. जागतिक पातळीवरील काजू अर्थव्यवस्थेमध्ये भारत आघाडीवर आहे. या पिकाला सुमारे एक शतकाचा कालावधी असला तरी केवळ व्यावसायिक लागवडीचा विचार केल्यास हा वैभवशाली इतिहास ६२ वर्षांचा आहे.

ग्रामीण अर्थव्यवस्थेत काजूची भूमिका

भारतीय समाजात विशेषतः ग्रामीण अर्थव्यवस्थेत या पिकाची पाळेमुळे खोलवर रुजलेली आहेत. शून्यातून सुरू झालेला काजू उद्योग आज हजारो कोटींचा झाला आहे. भारतीय ग्रामीण अर्थव्यवस्थेत आज तो एक महत्त्वाची भूमिका निभावत आहे. काजू उद्योगासाठी आवश्यक कच्चा माल, निविष्ठा यांची पुरवठा करणारी साखळी आणि उत्पादन तयार झाल्यानंतर ग्राहकांपर्यंत पोचणारी वितरण साखळी यांचे दुवे भारतीय समाजात तयार झालेले आहेत, त्यामुळे काही कालावधीतच भारतीय काजू बी उद्योग हा निर्यात क्षेत्रातील एक महत्त्वाचा घटक झाला आहे.

भारत हा उत्पादन, प्रक्रिया, निर्यात या बाबतींत जागतिक काजू अर्थव्यवस्थेतील एक महत्त्वाचा भागीदार आहे. हा उद्योग भारतीय ग्रामीण अर्थव्यवस्थेसाठी व पर्यायाने लाखो काजू उत्पादकांसाठी उत्पन्नाचा उत्तम स्रोत आहे. व्यापक दृष्टिकोनातून पाहिले असता काजू हा राष्ट्रीय अन्न सुरक्षेतही महत्त्वाची भूमिका बजावतो आहे. भारतीय भौगोलिक परिस्थितीचा विचार केल्यास देशातील सर्वाधिक भागात काजू उत्तम पिकू शकतो, त्यामुळे ते भारतीय ग्रामीण अर्थव्यवस्थेतील एक महत्त्वाचे पीक झाले आहे.

भारतीय काजूला त्याच्या आकार, ठेवण, रंग, प्रकार, चव, स्वाद आणि सुगंध यामुळे जगभरातून मोठी मागणी असते. कालौघात जागतिक बाजारपेठेच्या एकत्रीकरणामुळे कृषी निर्यात क्षेत्रात लक्षणीय बदल झाले आहेत. कृषी निर्यातीची स्पर्धात्मकता आयात मालावरील जकात, वित्त पुरवठा, निर्यातीसाठी उपलब्ध मूलभूत सुविधा, धोरण, मार्गदर्शक तत्त्वे अशा अनेक बाबींवर अवलंबून आहे. भारताची काजू निर्यातीची स्पर्धात्मकता हा राष्ट्रीय हिताचा विषय आहे.

भारतात काजू पिकाचा प्रारंभ

भारतातील काजू पिकाचा इतिहास हा फार पुरातन नाही. काजूच्या इतिहासातील पुरावे, नोंदी यांचे जतन झालेले नसल्यामुळे काळाचा योग्य अंदाज मिळविणे कठीण आहे. मुळात सुरुवातीला काजू वृक्षाकडे एक पीक म्हणून पाहिलेच गेले नव्हते, म्हणून भारतीय काजूची पूर्वपीठिका अचूकपणे सांगता येणे अवघड आहे.

१९व्या शतकाच्या सुरुवातीला लोकांना या पिकाचे महत्त्व समजू लागले. या पूर्वी झालेल्या संशोधनात अपुऱ्या पुराव्यावर आधारित इतिहास लिहिण्याचे मर्यादित प्रयत्न झालेले आहेत.

पाच शतकांचा इतिहास

काजूचा इतिहास केवळ पाच शतकांपासूनचा असून, त्यातून काजूचे अस्तित्व आणि मूल्याविषयी फारच कमी माहिती मिळते. काजूचे मूलस्थान ब्राझील हेच असल्याविषयी खात्री झाली आहे. स्पॅनिश शोधक प्रवाशांना उत्तर ब्राझीलमधील मोरेनाओ राज्यात काजूचा शोध लागला, (मुसलियार, २००१). पोर्तुगीज

भारतीय काजू उद्योगाची सुरुवात

ऐतिहासिक नोंदींच्या अभावामुळे काजू उद्योग भारतात नेमका कधी सुरू झाला, हे निश्चितपणे सांगता येत नाही. अठराव्या शतकाच्या अखेरीस केरळमध्ये कच्चे काजू बी घरीच कढईत भाजून त्यातील मुख्य भाग काढून तो फेरीवाले विकत असल्याच्या नोंदी आहेत. नंतरच्या काळात पश्चिम भारतात शेतकरी आलेले काजू पीक हे घरगुती वापरासाठी ठेवत आणि उरलेले जवळपासच्या लोकांना देत. तरीही काजू या पिकाबाबत पाश्चात्त्य जग अनभिज्ञच होते. कारण ब्रिटिश गुंतवणूकदारांना फक्त चहा, कॉफी, रबर आणि नीळ याच उत्पादनात रस होता. १९०५मध्ये उत्तर अमेरिकेत भारतातून काजू आयात केल्याचा उल्लेख आढळतो. परंतु ते कोणत्या कंपनीने, कोणत्या जहाजातून आणले, असे तपशील उपलब्ध नाहीत.

खलाश्यांनी काजू वृक्ष भारताच्या पश्चिम किनाऱ्यावर १६व्या शतकात प्रथम रुजवला. वास्को दि गामा हा पोर्तुगीज खलाशी प्रथम २७ मे, १४९८ रोजी कालिकत येथे तीन छोट्या जहाजांतून आला असला तरी त्यानंतर बऱ्याच काळाने काजू वृक्ष भारतात आला. पोर्तुगीज धर्मप्रसारकांनी काजूची झाडे ब्राझीलहून गोव्यात सुमारे १५६०-१५६५मध्ये आणल्याचे म्हटले जाते.

काजू हा शब्द मूळ पोर्तुगीज शब्द 'काजू' शब्दातून आला असला तरी त्याची व्युत्पत्ती ब्राझीलमधील मूलनिवासी टुपी इंडियन भाषेतील 'अकाजू' या शब्दातून झाली आहे. काजू वृक्षाचे प्रथम वर्णन थीवे (१५५८) याने लिहून ठेवले आहे. तो म्हणतो, "याला विपुल फळे लागतात. पाने आणि मुळांनी भरगच्च, डेरेदार असलेल्या येथील अनेक झाडांना स्थानिक लोक 'अकाजू' म्हणतात. याचे फळ हे 'हंसाच्या अंड्या'च्या आकाराचे आहे. फळाच्या खालच्या बाजूला चेस्टनटएवढे मूत्रपिंडाच्या आकाराचे बी लटकलेले असते.

पोर्तुगीजांनी प्रथम भारतात काजू आणल्यानंतर सुरुवातीला त्याची लागवड प्रामुख्याने जमिनीची धूप रोखण्यासाठी झाली. पश्चिम किनारपट्टीवरील लॅटराइट डोंगरउतारावर मुंबईपासून केप कोमोरीनपर्यंत काजूची झाडे फोफावली. तसेच पूर्व किनाऱ्यावरील वाळुकामय मातीत आणि दक्षिणेतील राज्यांच्या अंतर्गत प्रदेशातही काजूचा प्रसार झाला. सुरुवातीच्या काळात खलाश्यांनी स्वतःच्या आहारासाठी फळांची उपलब्धता व्हावी म्हणून ही झाडे आणली, परंतु त्यांचा प्रसार हा मुख्यतः जमिनीची धूप थांबविण्यासाठी झाला.

काजूची वेगवेगळी नावे

केरळ, कर्नाटक, तामिळनाडू, आंध्र प्रदेश, ओडिशा, महाराष्ट्र, गोवा आणि पश्चिम बंगाल या राज्यांत प्रामुख्याने काजूचे पीक घेतले जाते. तसेच

छत्तीसगड, अंदमान आणि निकोबार बेटांत आणि गुजरात, झारखंड आणि पूर्वोत्तर राज्यांच्या अंतर्गत भागातही काजूची लागवड मोठ्या प्रमाणावर झाली आहे. या प्रत्येक ठिकाणी स्थानिक भाषेनुसार काजूला वेगवेगळी नावे मिळाली आहेत. केरळमध्ये याला मुंदिरी, ओरियात लंका बीज, बंगालीत हिजली बदाम आणि आसामात काजू बदाम, तर कर्नाटकात गोडुंबी म्हणतात. ही नांवे सामान्यतः पोर्तुगीज 'काजू' या शब्दापासून आलेली दिसतात, (हुब्बाली, २००९).

पहिला काजूप्रक्रिया कारखाना

१९२०च्या सुरुवातीला भारत दौऱ्यावर आलेल्या 'जनरल फूड कॉर्पोरेशन'च्या प्रतिनिधींना काजूचा शोध लागला आणि जागतिक पातळीवर काजू व्यापाराने एक मोठी झेप घेतली. 'जनरल फूड कॉर्पोरेशन'चे कर्मचारी व तामिळनाडू येथील रहिवासी असलेल्या स्वामिनाथन यांनी कोल्लम येथे १९२०च्या मध्यावर पहिला व्यावसायिक काजूप्रक्रिया उद्योग सुरू केला. मुळात तोपर्यंत भारतात काजूचे मुबलक उत्पादन होत होते. त्याला प्रक्रियेची जोड मिळाल्यामुळे थोड्याच काळात भारत हा जागतिक पातळीवर अग्रेसर काजू उत्पादक देश बनला.

काजू उत्पादनात मंगळूरची भूमिका

मंगळूर हे शहर संघटित काजू उत्पादनात एक महत्त्वाची भूमिका बजावत होते. पिअर्स लेस्ली इंडिया लि., ही मंगळूर येथील काजूची मोठी संघटित उत्पादक कंपनी होती. मंगळूरमध्ये काजूबिया प्रक्रियेतील काही नावीन्यपूर्ण कामे केली जात. काजूबिया हाताने किंवा यांत्रिक पद्धतीने फोडणे, कच्च्या काजूगरांवर भाजून प्रक्रिया करणे. याविषयी २००१मध्ये मुसलियार यांनी केलेल्या संशोधनानुसार १९२० मध्ये मंगळूर

येथे व्यावसायिक काजूप्रक्रिया उद्योग प्रथम सुरू झाला. तर त्याच वर्षी (१९२० मध्ये) थोडासा आधीच काजूचा व्यापार कोल्लम (केरळ) आणि वेत्तापालम (आंध्र प्रदेश) येथे सुरू झाला होता.

'इंडिया नट कंपनी'

जनरल फूड कॉर्पोरेशन, यूएसएच्या व्ही. टी. अँडरसन यांनी कोल्लम येथे आश्रम भागात विमानतळासमोर कंपनीचे ऑफिस सुरू केले. 'इंडिया नट कंपनी' असे त्याचे नामकरण करण्यात आले. मद्रास येथील स्वामिनाथन नावाचे गृहस्थ त्यांचे व्यवस्थापक-लेखापाल म्हणून काम पाहू लागले. ही एक निर्यातदार कंपनी होती. काजूप्रक्रियेचा पहिला कारखाना कोणी सुरू केला, हे निश्चितपणे सांगता येत नसले तरी तो भारतातच सुरू झाला होता, हे मात्र नक्की! कोल्लम शहर व आसपासच्या भागांत काजूप्रक्रियेचा गृहोद्योग चांगलाच वाढला. या गृहोद्योगात काजूबिया कढईत भाजल्या जात, त्यातील गर वेगळा केला जाई. तो स्वच्छ केला जाई. पुढे काजूगराच्या आकारानुसार वर्गवारी केली जाई. त्याची विक्री निर्यातदार कंपनीला केली जाई. व्यवस्थित वर्गवारी केलेले काजू कंपनी लाकडी पेट्यांमधून कागदी वेष्टनात यूएसएला समुद्रमार्गे पाठवत असे.

तथापि, १९२०च्या दशकाच्या शेवटी हवाबंद धातूचे डब्यामध्ये हाताने चालवल्या जाणाऱ्या व्हॅक्यूम पंपाने हवारहित अवस्थेत काजू भरून सीलबंद केले जात. पुढे साधारणपणे १९५४च्या अखेरीस धातूचे डबे प्रथम हवाबंद करून नंतर त्यात कार्बन-डाय-ऑक्साइड सोडण्यास सुरुवात झाली. काजूगरांची निर्यातही वाढायला सुरुवात झाली. कित्येक छोट्या काजूप्रक्रिया उद्योजकांनी इंडिया नट कंपनीला काजूगर पुरवठा करण्यास सुरुवात केली.

निर्यातदार, दलाल, आडते, आयातदार, खरेदीदार आणि ग्राहक यांचा मिळून व्यवसायाचा एक नवा आकृतिबंध उदयास येऊ लागला. निर्यातदारांच्या व्यवसायवाढीसाठी व केवळ त्यांचे वैयक्तिक आडते म्हणून काम करणाऱ्या आडते वा दलालांचाही एक नवा वर्ग तयार होऊ लागला. यातून स्पर्धेला प्रोत्साहन मिळाले. त्यातून काजू लक्षणीय व्यापार होणारा शेतीमाल म्हणून प्रसिद्ध होण्यास मदत झाली.

काजूची आयात-निर्यात

१९२३ मध्ये काजूगरांच्या निर्यातीचे प्रमाण ४५ टन होते, ते १९३५ मध्ये १,३५० टन झाले. जशी काजूची निर्यात वाढू लागली, तशी कच्च्या काजूंची प्रक्रियेसाठी आयातही वाढली. १९३०च्या दशकाच्या शेवटी भारताने आफ्रिका आणि पोर्तुगालमधून कच्च्या काजूंची आयात सुरू केली. १९४०-४१मध्ये आफ्रिकेहून कच्च्या काजूंची आयात २८,००० टनांपर्यंत होती, तर प्रक्रियेनंतर काजूगरांची निर्यात २०,००० टनांपर्यंत पोहोचली होती. दुसऱ्या महायुद्धाच्या काळात काजू व्यापाराला मोठा फटका बसला असला तरी नंतर त्यात नियमित स्थिर वाढ होत गेली. १९५९ मध्ये भारताचे काजू निर्यातीचे उत्पन्न ८ कोटी रुपये होते. ते १९९९ मध्ये २,५०० कोटी रुपये झाल्याची नोंद आहे.

भारतीय काजूचे जनक

काजू उत्पादन आणि निर्यात क्षेत्रातील काही जनक प्रभू (२००१) यांनी शोधून काढले. मिझर गोविंद, अण्णाप्पा पै अँड सन्स, सुजीर फॅमिली, मे. फर्नांडिस ब्रदर्स, मे. उल्लाळ नारायण मल्ल्या अँड सन्स, कासारगोड कामथ फॅमिली अँड मे. बोला राघवेंद्र कामथ अँड सन्स, मे. थंगल कुंजू मुसलियार, व्हेंडर पी. कृष्णा पिल्लई, एन. ए.

नारायणस्वामी रेड्डियार, के. मायथीन कुंजू, एम. पी. गोविंदन, किदांगली कुंजूरमण, एम. पी. केशवन, एम. स्वामिनाथन, मे. पिअर्स लेस्ली, कुंजू कृष्ण पिल्लई, पी. जी. वॉल्टर्स, पी. जी. वरगुसे, के. जनार्धनन, पिल्लई, के. ए. करीम, पी. गंगाधरन पिल्लई, पी. टी. उम्मेन, एम. आर. कामत, के. गोपीनाथन नायर, के. रवींद्रनाथन नायर, अब्दुल कादर, मुसलियार, शहाल एच. मुसलियार, स्तानिस्लाउस अँड लुकोज, ही त्यातली काही नावाजलेली नावे. आजच्या इतका वाढलेला भारतीय काजूगर उद्योग हा या लोकांच्या श्रमाचे फलित आहे.

त्या काळात काजू निर्यात पाहणारे काही आडते आणि दलालही होते. मे. मायकेल बेक कंपनी, रिचर्ड फ्रँको एजन्सीज, जॉकस मिसर, मिसर कमोडिटीज, श्टाईनहार्ट नॉर्दलिंगर, फ्रँक क्राऊस अँड बी. सेस्स्लर कंपनी, टी. एम. दूचे अँड जी. सी. विल्यम्स आणि इतर या नावांचा आवर्जून उल्लेख करायला हवा.

काजू निर्यातीची सुरुवात

काजू व्यापार मंडळाची स्थापना १९५४मध्ये झाली. त्याअंतर्गत, व्यक्तिगत करारानुसार काजू उद्योग निविष्ठा मिळवण्यासह स्थानिक कच्चा माल एका पूर्वनिर्धारित किमतीला खरेदी केला जाई. त्याचे वितरण मागील वर्षांच्या निर्यात कामगिरीनुसार केले जाई. या व्यवसायातील सर्व भागधारकांच्या हितासाठी कार्य करणे या एका समान उद्दिष्टाकरिता या मंडळाची स्थापना झाली होती. परंतु वैधानिक नियंत्रणाअभावी शिस्तबद्ध कारभार न झाल्यामुळे हे व्यापारी मंडळ अधिक काळ टिकू शकले नाही.

१९५५मध्ये तत्कालीन केंद्रीय अर्थमंत्री टी. टी. कृष्णम्माचारींनी केरळच्या भेटीवर असताना काजू निर्यातदारांची कोट्टायम येथे एक बैठक

'काजू विकास परिषदे'ची स्थापना

भारत सरकारने शेती मंत्रालयाच्या अखत्यारित 'काजू विकास परिषदे' (कॅश्यू नट डेव्हलपमेंट कौन्सिल) ची स्थापना १९६६मध्ये केली. त्याचा उद्देश समन्वय राखणे आणि काजूचे देशी उत्पादन वाढवणे हा होता. सोविएत युनियनच्या विभाजनाने नवीन रशिया आणि 'कॉमनवेल्थ ऑफ इंडिपेंडंट स्टेट्स' या संघटनेतील घटक राष्ट्रांबरोबरचा काजू व्यापार संपुष्टात आला. १९९०मध्ये भारत पुन्हा युरोपियन बाजारपेठेत मोठ्या प्रमाणावर काजू निर्यात करू लागला आणि युरोपियन देशांतील एक प्रमुख निर्यातदार बनला. भारत, ब्राझील आणि व्हिएतनाम या देशांचे विशेषतः भारताचे जागतिक काजू बाजारपेठेवर वर्चस्व आहे. स्वतः भारत ही काजूची मोठी बाजारपेठ आहे. (मुसलियार, २००१).

बोलावली. त्यांच्याशी झालेल्या चर्चेअंती काजूगर उद्योगाला विपणन आणि निर्यात प्रोत्साहनासाठी योग्य मार्गदर्शनाची आवश्यकता असल्याचे त्यांचे मत झाले. त्यातूनच पुढे वाणिज्य व उद्योग मंत्रालयाच्या अंतर्गत 'कॅश्यू प्रमोशन कौन्सिल ऑफ इंडिया'च्या निर्मितीला चालना मिळाली.

१९५५मध्ये यूएसए, यूके, कॅनडा, फ्रान्स, नेदरलँड्स, बेल्जियम, स्वीडन, ऑस्ट्रेलिया आणि सोविएत युनियन हे भारतीय काजूगरांचे प्रमुख खरेदीदार होते.

१९५६ ते १९७० या कालावधीत भारतीय

काजू निर्यातीसाठी आणखी काही बाजारपेठा खुल्या झाल्या. त्यात जर्मनी, इटली, स्वित्झर्लंड, हाँगकाँग, मलेशिया, जपान आणि सिंगापूर या देशांचा समावेश होतो.

१९६९मध्ये सोविएत युनियन भारतीय काजूगरांचा मुख्य आयातदार होता. १९७०च्या दशकात यूएसएला भारतीय काजूंची निर्यात लक्षणीयरीत्या कमी होऊन ती २,००० मेट्रिक टनांपेक्षा कमी झाली, तर पूर्व आफ्रिकी देशांना होणारी निर्यात ७,००० मेट्रिक टनांपर्यंत वाढली. कारण मोझाम्बिक, टांझानिया आणि केनिया देशांनी काजूप्रक्रिया उद्योग सुरू करून, यूएसए आणि युरोपला निर्यात सुरू केली.

१९७०मध्ये ब्राझीलने यूएसएला काजूगरांची निर्यात करणाऱ्या देशांमध्ये आघाडी घेतली. कारण हा देश अमेरिकेपासून समुद्रीमार्गाने केवळ १० दिवसांच्या अंतरावर आहे. शिवाय, या देशाने व्यवसायातील अटीशर्ती उदारतेने मान्य केल्याने अमेरिकेची ब्राझीलच्या काजूगरांना जास्त पसंती मिळू लागली. खर्च वाचवून स्पर्धात्मक राहण्यासाठी प्रमुख काजू निर्यातदार आणि प्रक्रिया उद्योजक हे सामान्यतः काजू उद्योगात अनेक गैरप्रकार अवलंबतात. याचा फटका न्याय्यपद्धतींचा अवलंब करणाऱ्या उद्योगांना विशेषतः संघटित उद्योगांना बसतो. ते अशा वातावरणात टिकू न शकल्याने बंद पडतात. 'केरळ स्टेट डेव्हलपमेंट कॉर्पोरेशन'ची स्थापना १९६९ला झाली होती. सार्वजनिक क्षेत्रातील या उद्योगामुळे अनेक काजू कामगारांना रोजगार मिळाला. तथापि, अशा अस्थिर वातावरणात तो चालवणे अवघड झाले.

केरळ सरकारने १९७६ मध्ये 'द केरळ ऑक्विझिशन ऑफ फॅक्टरीज ऑक्ट' आणला. त्यानुसार बंद असलेले काजू कारखाने ताब्यात घेण्याचा सरकारला अधिकार मिळाला. कच्च्या

काजूची आयातीवर लक्ष केंद्रित करण्यासाठी भारत सरकारने १९६०मध्ये 'कॅश्यू कॉर्पोरेशन ऑफ इंडिया'ची उपकंपनी 'स्टेट ट्रेडिंग कॉर्पोरेशन ऑफ इंडिया' निर्माण केली. कच्च्या काजूचे दर स्थिर राखायला ही कंपनी मदत करत असल्यामुळे या उद्योगाचा फायदा होतो.

भारत सरकारने १९८१ मध्ये कच्च्या काजूच्या आयातीवरील बंधने काढली. त्यामुळे कच्च्या काजूची आयात वाढली. ती १९८९-९०ला ५३,००० मेट्रिक टन एवढी झाली.

गेल्या ६० वर्षांपासूनची योजना

ऐतिहासिकदृष्ट्या भारत सरकार काजूला फलोत्पादनातील एक महत्त्वाचे पीक समजत आले आहे. त्याच्या विकासासाठी सरकार विविध उपक्रमही राबवते. पंचवार्षिक योजनेत काजू विकास कार्यक्रम समाविष्ट करणे, काजूच्या संशोधनासाठी पायाभूत सुविधा बनवणे, 'डिरेक्टोरेट ऑफ कोकोआ अँड कॅश्यू डेव्हलपमेंट'ची स्थापना, 'कॅश्यू प्रमोशन कौन्सिल ऑफ इंडिया'ची स्थापना, 'नॅशनल रीसर्च फॉर कॅश्यू, पुत्तुर' आणि 'प्रादेशिक काजू संशोधन केंद्रां'ची निर्मिती, असे काही उपक्रम राबविले जातात. संस्थांसोबतच गेल्या ६० वर्षांपासून भारतात काजूच्या विकासासाठी विविध अनुदान आणि आर्थिक मदत योजना राबवल्या जात आहेत.

अशा प्रकारे भारतीय काजू उद्योग वेगवेगळ्या टप्प्यांतून गेला आहे. हा एक शतकाचा प्रवास असून, त्याच्या विकासाचे अचूक ऐतिहासिक दस्तऐवज उपलब्ध नसल्यामुळे भारतीय काजू उद्योगाचा अचूक इतिहास लिहिण्यात अडचणी येत आहेत. मात्र उपलब्ध माहितीच्या आधारे भारतीय काजू उद्योगाचा वैभवशाली इतिहासावर प्रकाश नक्कीच पडू शकतो.

REFERENCES

1. Dr. Patil Parashram Jakappa (2012), 'Problems and Prospects of Cashew nut Industry of Kolhapur District,' Shivaji University, Kolhapur.

2. Balasubramanian P.P. (1996), 'Three Decades of Cashew Development in India- An Introspection,' Souvenir of 7th National Seminar on Cashew Development in India-Enhancement of Production and Productivity. Directorate of Cocoa and Cashew Development.

3. Kolekar P.B (2008), 'Kaju Phalzadachi Vyavasayeek Lagwad' Tatyasaheb Rural Development Center, Pune.

4. Kolekar P.B. (2009), 'Status of Cashew Development in Maharashtra States,' Souvenir on 7th National Seminar on Cashew Development in India-Enhancement of Production and Productivity. Directorate of Cocoa and Cashew Development.

5. Indian Cashew Journal, Cashew Promotional Council of India.

6. Prabhu G, Gridhar (2001), 'Prospects for Value Added and By-Products of Cashew' Proceeding of World Cashew congress 2001 India, Cashew exports promotion council of India.

7. Prabhu G, Gridhar, Pillai Anu S., Sankar A., Nair K. Gopinathan, Shahal T.K., Hassan Musaliar (2001), 'Cashew the Millennium Nut Past Present and Future' of World Cashew congress 2001 India, Cashew exports promotion council of India.

8. Pillai (1996), 'Import of Cashew-A Dwindling Phenomena : Domestic Production Needs Augmentation' souvenir of national seminar on Development of Cashew Industry in India, Directorate of Cashew nut and Cocoa Development, ministry of Agriculture Government of India.

9. Prabhu (1996), 'Raw Cashew-nut Transaction in India,' souvenir of national seminar on Development of Cashew Industry in India, Directorate of Cashew nut and Cocoa Development, ministry of Agriculture Government of India.

10. Rao E.V.V. Bhaskar (1996), 'Cashew Research Infrastructure in India

and Achievements,' Souvenir of national Seminar on Development of Cashew Industry in India, Directorate of Cashew Nut and Cocoa Development, Ministry of Agriculture Government of India.

11. Souvenir of 1st National Seminar on Cashew Goa (1994), Directorate of Cocoa and Cashew Development

***

२. भारतीय काजू उत्पादन

भारतीय अर्थव्यवस्थेत मोलाचे योगदान देणारी फळपिके तुलनेने कमी आहेत. त्यांपैकी काजू हे एक बहुमोल पीक आहे. भारतात काजू पिकाच्या लागवडीसाठी भौगोलिक परिस्थिती उत्तम असल्यामुळे भारत हा काजू उत्पादनात जागतिक पातळीवर अग्रेसर देश आहे. भारतात काजू लागवड ही मुख्यतः पश्चिम घाट भागात होते. काजू शेतीच्या विकासासाठी या भागामध्ये पद्धतशीर प्रयत्न करण्यात आले आहेत. काजू संशोधन आणि विस्तारासाठी खास पायाभूत सुविधा विकसित करण्यात आल्याने या भागात काजू लागवड वाढली व उत्पादनातही वाढ झाली आहे. भारतीय काजू हा त्याच्या उत्तम गुणवत्तेसाठी जगभर प्रसिद्ध आहे.

काजू लागवडीतील प्रमुख राज्ये

काजू उत्पादनात प्रमुख स्थानी असल्यामुळे भारत हा जगातील सर्वांत मोठा काजूगर उत्पादक, त्यावर प्रक्रिया करणारा आणि काजूगरांचा निर्यातदारही आहे. काजूची लागवड ही मुख्यतः भारतीय द्विपकल्प भागात सीमित आहे. केरळ, कर्नाटक, गोवा आणि महाराष्ट्र या राज्यांच्या पश्चिम किनारपट्टीच्या भागात काजू पिकतो. त्याचप्रमाणे तामिळनाडू, आंध्र प्रदेश, ओडिशा आणि पश्चिम बंगाल या राज्यांच्या पूर्व किनाऱ्यावरील प्रदेशात त्याचे उत्पादन घेतले जाते. छत्तीसगड, पूर्वोत्तर राज्ये (आसाम, मणिपूर, त्रिपुरा, मेघालय आणि नागालँड) आणि अंदमान निकोबार बेटांवरही काही प्रमाणात काजूची लागवड होते.

काजू हे देशातील अत्यंत महत्त्वाचे फळपीक आहे. भारतातून निर्यात होणाऱ्या फळ उत्पादनात त्याचे स्थान वरचे आहे. काजू निर्यातीतून देशाला साधारण ४,००० कोटी रुपयांचे वार्षिक उत्पन्न मिळते. शिवाय, कृषी क्षेत्र आणि प्रक्रियेतून १५ लाख लोकांना शाश्वत रोजगार मिळतो. यात

प्रामुख्याने महिलांचा सहभाग आहे. अशा प्रकारे काजूचे ग्रामीण अर्थव्यवस्थेत लक्षणीय योगदान आहे. (डी.सी.सी.डी., २०१५).

भारतातील काजू लागवडीच्या पद्धती

साधारणपणे भारतात काजूची लागवड हवामान परिस्थिती, योग्य जमिनीची निवड, सिंचन, खते आणि आंतरमशागत अशा नैसर्गिक व अनेक स्थानिक घटकांवर अवलंबून असते.

हवामान परिस्थिती

काजू हे दुष्काळ प्रतिकारक पीक असून, ते वेगवेगळ्या प्रकारच्या जमिनीत आणि हवामानात वाढू शकते. मात्र उच्च तापमान आणि अतिवृष्टीचा फळनिर्मितीवर विपरीत परिणाम होतो. ज्या भागांत वार्षिक पर्जन्यमान ६०० ते ४,५०० मि.मी.च्या दरम्यान असते, अशा ठिकाणी काजूची लागवड केली जाते. फुलोऱ्याच्या काळात अतिवृष्टी झाल्यास फळोत्पादन प्रक्रियेवर विपरीत परिणाम होतो. काजूगरनिर्मितीस कोरडे हवामान उपयुक्त असून त्याला सूर्यप्रकाशाची आवश्यकता जास्त असते. दाट सावलीत त्याची वाढ चांगली होऊ शकत नाही. खूप थोड्या अवधीसाठी ३६° अंश सेल्सिअस तापमानाची गरज असली तरी २४° ते २८° अंश सेल्सिअस तापमान हे काजूसाठी खूपच अनुकूल असते.

आवश्यक हवामानशास्त्रीय घटक

काजूच्या झाडांची वाढ व उत्पादनास आवश्यक हवामानशास्त्रीय घटक दोन प्रकारचे आहेत.

- फुले व फळनिर्मितीच्या काळात कोरडे हवामान आवश्यक असते. ढगाळ हवामानात 'टी मॉस्किटो बग' या किडीमुळे फुले करपतात. अतिवृष्टीमुळे फुले व फळनिर्मिती

होत नसल्यामुळे त्याचा उत्पादनावर परिणाम होतो.

- फलधारणेच्या कालावधीत तापमान ३९° ते ४२° अंश सेल्सिअस असल्यास फळे गळतात, (यादव, २०१०).

योग्य जमिनीची निवड

काजू लागवडीस योग्य जमिनीची गरज असते. काजू लागवडीस क्षारयुक्त अथवा दलदलीची जमीन टाळावी. काजू हे चिवट झाड असून, जमिनीची खोली, उतार, पोत, सकसपणा आणि पाण्याची उपलब्धता यांचा फारसा परिणाम काजू झाडाच्या वाढीवर होत नाही. नवीन लागवडीस जमिनीची मशागत पहिल्या मान्सूनपूर्व पावसाबरोबर करावी. रोपांना खड्डे घेण्याअगोदर झुडपे, तण काढून टाकावे, (एन. आर.सी.सी.पी.).

सिंचन

भारतात काजू मुख्यत्वे कमी पर्जन्यमानाच्या प्रदेशात पिकत असल्याने त्याला संरक्षित सिंचन देणे आवश्यक असते. विशेषतः उन्हाळ्यात, पंधरा दिवसांतून एकदा २०० लिटर पाणी प्रति झाड दिल्यास फळनिर्मिती व फळधारणा चांगली होऊन उत्पादनही वाढते, (यादव, २०१०).

दोन झाडांमधील अंतर आणि रोप लागवड

अंदाजे ७.५मीटर X ७.५मीटर अंतरावर काजू लागवडीची शिफारस केली जाते. चौकोनी आणि त्रिकोणी लागवडपद्धती काजू रोपलागवडीस योग्य असते. ७.५ मीटर X ७.५ मीटर चौकोनी पद्धतीने रोपलागवड केल्यास प्रति हेक्टर १७७ रोपे बसू शकतात. तर त्रिकोणी पद्धतीने २०४ रोपे प्रति हेक्टरमध्ये मावतात. कलमांची लागवड ६० घन सें.मी.

आकाराच्या खड्ड्यात करावी. त्यानंतर कलमांचे वेगाने वाहणाऱ्या वाऱ्यापासून संरक्षण होण्यासाठी त्वरित आधार देणे गरजेचे आहे, (यादव, २०१०).

रोप लागवडीचा हंगाम

रोप लागवड ही पावसाळी वातावरणात मान्सूनच्या आगमनानंतर (जून-ऑगस्ट) केली जाते. जलसिंचनाची सोय व खात्री असल्यास काजू रोपांची लागवड वर्षभरात कधीही केली जाऊ शकते, (यादव, २०१०).

खते

काजूसाठी खतांची शिफारस राज्यनिहाय वेगवेगळी केली जाते. कारण हवामानातील घटक व जमीन यांचा खतांच्या वापरावर परिणाम होत असतो.

- केरळमध्ये प्रत्येक काजू रोपासाठी प्रति वर्ष ७५० ग्रॅम नत्र (N), ३२५ ग्रॅम स्फुरद (P2O5) आणि ७५० ग्रॅम पालाश (K2O) खते देण्याची शिफारस केली आहे.
- ओडिशामध्ये प्रति वर्ष प्रति रोप ५०० ग्रॅम नत्र, २५० ग्रॅम स्फुरद आणि २५० ग्रॅम पालाश खते देण्यास सांगितले जाते.
- तामिळनाडूमध्ये ५०० ग्रॅम नत्र, २०० ग्रॅम स्फुरद आणि ३०० ग्रॅम पालाश प्रति रोप प्रति वर्ष खते देण्याची शिफारस केली जाते, (सलाम अब्दुल, इतर; कॅश्यू कल्टिव्हेशन डी.सी.सी.डी.).

खतांची मात्रा ही जोराचा पाऊस थांबल्यावर तसेच मातीत ओलावा असताना द्यावी. रोपलागवडीनंतर पहिल्या व दुसऱ्या वर्षी शिफारशीच्या एक-तृतीयांश मात्रा द्यावी. तसेच तिसऱ्या वर्षापासून पूर्ण मात्रा द्यावी, (यादव, २०१०).

आंतरमशागत

बागेमध्ये उगवलेल्या तणाचे सर्वेक्षण करून ते कोणत्या प्रकारचे आहे हे जाणून घ्यावे. तण हाताने खुरपून काढावे अथवा तणनाशकाचा वापर करावा. पॅराक्वाट (Paraquat) आणि ग्लायफोसेट (Glyphosate) तणनाशके बहुतांश सर्व प्रकारची तणे नष्ट करतात, (यादव, २०१०).

पीकसंरक्षण

खोडकीड, टी मॉस्किटो बग, फूलकिडे (थ्रिप्स), पाने पोखरणारी अळी (लीफ मायनर) आणि लीफ ब्लॉसम वेबर ह्या काजूवरील प्रमुख किडी आहेत. टी मॉस्किटो बग (Helopelits antonni s.) ही कीड कोवळे कोंब, फुलोरा आणि अपरिपक्व काजू फळावर वाढीच्या विविध टप्प्यांवर हल्ला करते. या किडीचा प्रादुर्भाव सर्व हंगामांत कोवळ्या पानांवर, फुलोरा आणि फळधारणेच्या कालावधीत होतो, परंतु तो ऑक्टोबर ते मार्च या काळात सर्वांत जास्त होतो. या किडीमुळे पीक उत्पादन ३० ते ४० टक्क्यांनी कमी होते.

छाटणी

छाटणी हे फळबागेतील एक महत्त्वाचे काम असून, त्याद्वारे काजू झाडांना उत्तम संरचना, आकार व आधार प्राप्त होतो. फळबाग व्यवस्थापन तंत्रामध्ये वेळोवेळी पानसोट काढणे, खालच्या फांद्या काढून टाकणे, वेड्यावाकड्या व वाळलेल्या फांद्या काढून टाकणे अशी कामे फुलोरा आणि फलोत्पादनातील वाढीसाठी फार उपयुक्त असतात, (यादव, २०१०).

पुनरुज्जीवनासाठी शेंड्यांची छाटणी

अनुत्पादक काजू झाडे उत्पादक बनवण्याचे हे एक तंत्र आहे. या तंत्रामुळे कमी उत्पादन देणाऱ्या १५-२० वर्षे वयाच्या झाडांचे पुनरुज्जीवन करता

येते, त्यामुळे ती पुन्हा उत्पादक होऊ शकतात. या पद्धतीनुसार अनुत्पादक झाडांचे शेंडे जमिनीपासून ०.७५ ते १ मीटर उंचीवर छाटले की दुसऱ्या वर्षापासून ते झाड उत्पादन देऊ लागते, (यादव, २०१०).

फळकाढणी हंगाम आणि उत्पादन

साधारण रोपलागवडीपासून तिसऱ्या वर्षानंतर आर्थिकदृष्ट्या फायदा करून देणारे काजूचे उत्पादन सुरू होते. साधारण १० वर्षांपासून स्थिर उत्पादनाला सुरुवात होऊन ते पुढे २० वर्षांपर्यंत मिळत राहते. भारतात काजू फळकाढणीचा हंगाम मार्च ते मे दरम्यान असतो, (यादव, २०१०). तयार झालेली फळे गळून पडल्यानंतर ती वेचली जाऊन त्यातून बोंड आणि काजूगर वेगळे केले जातात. काजूगर दोन-तीन दिवस उन्हात वाळवल्यानंतर बाजारात पाठवले जातात.

काजू फळकाढणी आणि नंतरची प्रक्रिया या कामांसाठी अधिक मजुरांची आवश्यकता असते. झाडांवरून खाली पडलेली पक्व फळे गोळा करणे हे कामगारांचे मुख्य काम असते. त्यासाठी काही भागांमध्ये झाडाखालील सगळी जमीन साफ करून त्यावरील पालापाचोळा बाजूला काढला जातो. फळे पक्व झाल्यानंतर आपोआप त्यावर पडतात. झाडांवर काही फळे तशीच राहिली तर ती मजुरांकडून काढून घेतली जातात.

त्यानंतर बोंड पक्व होते, पण काजूगर पक्व होत नाही. त्यामुळे केवळ झाडावरून पडलेली फळे गोळा केल्यानंतर त्यापासून बोंड आणि काजूगर वेगळे करतात. काजूगर टोपल्यांत किंवा पोत्यांत भरले जातात. म्हणूनच हंगामात जमा केलेल्या फळांचे प्रमाण हे त्या झाडाच्या उत्पादन क्षमतेवर अवलंबून असते. एकाच वेळी खूप फळे गळून पडल्यास ती शोधण्यासाठी कमी वेळ लागतो.

मजुरांकडून वेचणी

सर्वसाधारणपणे हंगामामध्ये एक कामगार दिवसाला जास्तीतजास्त ५० किलो फळे वेचतो. हंगामाच्या सुरुवातीला खूप कमी पक्व फळे गळतात, मात्र हळूहळू ते प्रमाण वाढत जाते. एका सर्वोच्च उत्पादन बिंदूपासून पुन्हा फळांचे प्रमाण कमी होत जाते.

ज्या भागांतील हवामान खूप कोरडे असते आणि जमीन रात्रीसुद्धा कोरडी राहते, अशा ठिकाणी गळून पडलेली काजूची फळे झाडाखाली तशीच कित्येक आठवड्यांपर्यंत गुणवत्ता खराब न होता राहू शकतात.

मात्र, ज्या ठिकाणी हवेत अथवा मातीत आर्द्रता असते, अशा ठिकाणी बाष्प आणि दवबिंदूंमुळे समस्या निर्माण होऊ शकते. अशा ठिकाणी फळांची वेचणी आठवड्यातून किमान दोनदा झाली पाहिजे. तसेच हे काम वेळेत होण्यासाठी अधिक मजुरांची आवश्यकता भासते, मात्र ते तुलनेने आर्थिकदृष्ट्या परवडणारे नसते, कारण प्रत्येक मजुराला वेचण्यासाठी पुरेशा प्रमाणात काजू शिल्लक न राहिल्याने प्रतिदिन किमान १५ किलो गोळा करण्याचे लक्ष्य साध्य होऊ शकत नाही, (ओहलर, १९७९).

प्रक्रियेसाठी बोंडे काढणे

बोंडांवर प्रक्रिया करून त्यापासून जॅम आणि रस यांसारखी उत्पादने बनवायची असतील तर ती झाडांवर असतानाच तोडली गेली पाहिजेत. जमिनीवर पडल्यास बोंडे फुटतात आणि कुजून लवकर खराब होऊन त्यांची गुणवत्ता राहत नाही. योग्य प्रमाणात पिकलेले बोंड हे चवीला गोड असते. हे बोंड गळायच्या अवस्थेत आल्यावर लगेच तोडावे लागते. काजूगरांचीदेखील दोन आठवड्यांत पूर्ण वाढ झालेली असते. असे तयार झालेले काजूगर काढणीसाठी योग्य असतात. बोंडे

अधिक उंचीवर असल्यामुळे हाताने काढणे शक्य होत नाही, ती एखाद्या लांब बांबू किंवा काठीला धातूच्या कड्यामध्ये बांधलेल्या टोपली अथवा पिशवीच्या साहाय्याने हळुवारपणे तोडता येतात.

झाड थोडेसे हलवल्यास पूर्ण पिकलेले बोंड टोपलीत सहज गळून पडते. पूर्ण पक्व न झालेले बोंड काढण्यासाठी उंच काठीला सुरी बांधून कापून काढता येतात. काजूगर बोंडापासून वेगळे करू नये, कारण तसे केल्यामुळे त्यातील काही रस निघून जाण्याची शक्यता असते. तोडल्यानंतर बोंड २४ तासांपर्यंतच चांगले राहते. अशा बोंडाची वाहतूक करणे कठीण ठरते. वाहतुकीमध्ये भरल्यानंतर मालाच्या वरून पडणाऱ्या वजनाने ती फुटू शकतात,

(झाम अली आणि इतर, २०००).

आंतरपिकातून खर्चांची भरपाई

काजू लागवडीनंतर पहिल्या तीन वर्षांत आंतरपिके घेता येतात. या आंतरपिकातून मिळणाऱ्या उत्पन्नातून काजूच्या बागेसाठी आवश्यक ती खर्चाची भरपाई होऊ शकते. योग्य आंतरपिकामुळे सुरुवातीच्या काळात काजू पिकावरील किडींचा प्रादुर्भावही कमी होण्यास मदत होते, (यादव, २०१०).

काजूची साठवण

उन्हात कच्चे काजू वाळवल्यानंतर ते साठवले जातात. हंगामामध्ये थोड्या काळातच उत्पादक कंपन्या मोठ्या प्रमाणावर कच्चा माल खरेदी करून ठेवतात, कारण पुढे हंगामाव्यतिरिक्त कच्चा माल उपलब्ध होत नाही. खरेदी केलेला कच्चा माल दीर्घ काळ साठवून ठेवावा लागतो. साठवणीच्या तांत्रिक गरजा या हवामानाच्या परिस्थितीवर अवलंबून असतात. सामान्यतः काजूचे उत्पादन हे आर्द्र वातावरणासह दीर्घ कोरड्या वातावरणामध्ये घेतले जाते. अशा वातावरणात साध्या सिमेंट काँक्रीटच्या भिंती व सिमेंटचा कोबा केलेली सपाट जमीन आणि छतासाठी पन्हाळी पत्रे अशी इमारत काजू साठवणुकीकरिता योग्य असते. काजूच्या सुरक्षित साठवणुकीसाठी पूर्वतयारी गरजेची असते.

काजूच्या सुरक्षित साठवणुकीची पूर्वतयारी

- जलरोधक कोरडी जमीन, पक्के आणि सुरक्षित छप्पर असावे.
- भिंतींना असलेल्या भेगा अथवा खिडक्या (झरोके) बुजवून अथवा झाकून टाकावेत. त्यातून पाणी आत येणार किंवा झिरपणार नाही, याची काळजी घ्यावी.
- गोदाम अथवा साठवणीची जागा पुरेशी मोठी असावी. त्यात एकावर एक गोणी ठेवता येतील आणि या गोण्यांची सुलभपणे हलवाहलव करण्यायोग्य किंवा निरीक्षण करण्यायोग्य जागा मोकळी असावी.
- भिंतीपासून ठरावीक अंतर ठेवून गोणी एकावर एक रचाव्यात.
- खालून गोण्या व काजूगरांपर्यंत ओलावा येऊ नये, यासाठी जमिनीवर लाकडी उंचवटा असावा.

भारतीय काजू वाणाचा खजिना

काजूवरील संशोधनाला १९५०मध्ये सुरुवात झाली असली तरी १९७०मध्ये कासारगोड येथे 'सेंट्रल प्लॅन्टेशन्स क्रॉप्स रीसर्च इन्स्टिट्यूट'च्या स्थापनेसोबत संशोधनाला वेग आला. 'दि ऑल इंडिया कोऑर्डिनेटेड स्पायसेस अँड कॅश्यू नट इम्प्रूव्हमेंट प्रोजेक्ट'अंतर्गत संशोधन कार्यक्रमांचे जाळे विणण्यात आले.

१९८२-८६ या काळात जागतिक बँकेच्या साहाय्याने राबविण्यात आलेल्या बहुराज्यीय प्रकल्पामुळे पिकाचा प्रसार आणि वाणांमध्ये सुधारणा या दोहोंमध्ये लक्षणीय प्रगती झाली. सध्या देशात दरवर्षी ८० लाखांपेक्षा जास्त कलमे तयार होतात. त्यातून देशांतर्गत काजू लागवडीची गरज भागवली जाते.

पुत्तुर येथील 'नॅशनल रीसर्च सेंटर फॉर कॅश्यू' आणि राज्य कृषी विद्यापीठांनी केलेल्या व्यापक संशोधनातून विविध आठ काजू उत्पादक राज्यांसाठी उच्च उत्पादनक्षम असे ४०पेक्षा जास्त काजू वाण ओळखण्यात आले. गेल्या तीन दशकांत या काजूच्या वाणांबद्दलची भरपूर माहिती प्रसारित करण्यात आली आहे.

काजूचे हे वाण वेगवेगळ्या प्रदेशांच्या पर्यावरणीय परिस्थितीप्रमाणे ठरते. उदा. माती, हवामान परिस्थिती, तापमान याप्रमाणे विकसित केले आहेत. (डॉ. एम. अब्दुल सलाम व इतर, २०००) ही संशोधकांनी समर्पित वृत्तीने गेल्या तीन दशकांमध्ये केलेल्या कामाची फलनिष्पत्ती आहे. त्यातही व्यक्तिगत संशोधन किंवा कामापेक्षा संस्थात्मक दृष्टिकोनामुळे मोठा फरक पडल्याचे स्पष्ट होते. प्रत्येक वाणामध्ये वेगळे गुणधर्म असतात. अलीकडे काही मोठ्या कंपन्याही काजू लागवडीमध्ये उतरल्या असून, त्यांनी स्वतःचे वाण विकसित केले आहेत. उदा. रिलायन्स या कंपनीने विकसित केलेले वाण म्हणजे 'रिलायन्स कॅश्यू.'

भारतीय काजूचे काही महत्त्वाचे वाण

- अनाक्कायम-१ (बीएलए-१३९-१)
- माडक्कथरा-१ (बीएलए-३९-४)
- कांका (एच-१५९८)
- धना (एच-१६०८)
- धाराश्री (एच-३-१७)
- अमृथा (एच-१५९७)
- अक्षया (एच-७-६)
- अनघा (एच-८-१)
- सुलभा (के-१०-२)
- प्रियांका (एच-१५९१)
- माडक्कथरा-२ (एनडीआर-२-१)
- के-२२-२
- वेंगुर्ला-१ वेंगुर्ला-३
- वेंगुर्ला-४ वेंगुर्ला-५
- वेंगुर्ला-६ वेंगुर्ला-७
- बीपीपी-१ बीपीपी-२
- बीपीपी-३ बीपीपी-३
- बीपीपी-४ बीपीपी-५
- बीपीपी-६ बीपीपी-८ (एच २/१६)
- वृद्धाचलम-१ (एम१०/४)
- वृद्धाचलम-२ (एम४४/३)
- वृद्धाचलम-३ (एम२६/२)
- उल्लाल-१
- उल्लाल-२
- उल्लाल-३
- उल्लाल-४
- चिंतामणी-१
- यूएन-५०
- एनआरसीसी-२
- झारग्राम-१ भुबनेश्वर-१
- गोवा १

काजू उत्पादनाचा संशोधनात्मक विस्तार

भारतामध्ये संशोधन संस्थांचे पसरलेले विस्तृत जाळे आणि पायाभूत सुविधांच्या विकासामुळे काजू उद्योगाच्या विस्तारासाठी फायदा झाला आहे. सेंद्रिय शेती आणि एकात्मिक कीड व्यवस्थापन करून पर्यावरणपूरक उत्पादने बाजारात आणल्यास काजू पीक विकास आणि उद्योग यांना भविष्यात आणखी चालना मिळू शकेल.

काजूच्या झाडाचे इतर उपयोग

शुष्क प्रदेशातील पर्यावरण संतुलनामध्ये काजूचे झाड महत्त्वाची भूमिका बजावते. निर्यातमूल्याशिवाय काजूचे अन्य बहुविध उपयोगही महत्त्वाचे आहेत. उदा. लाकूड, औषध, जनावरांसाठी खाद्य आणि सरपण म्हणूनही त्याचा वापर होतो. काजूची उपउत्पादने स्थानिक उद्योगवाढीसाठी उपयुक्त आहेत.

काजूची जागतिक बाजारपेठ गतिमान असून, प्रतिवर्ष अंदाजे १० टक्के अशा एकसारख्या विकासदराने वाढते. काजूगर हे रसायनविरहित पद्धतीने प्रक्रिया केली जात असल्याने सेंद्रिय विभागामध्ये घेता येतात आणि त्यांना उच्चदरही मिळू शकतो. फेणी, वान, सुके बोंडू, सरबत, रस आणि जॅम यांसारखी मूल्यवर्धित उपउत्पादने बोंडांपासून बनवली जाऊ शकतात. यातून काजू आधारित उद्योग आणि अर्थव्यवस्था विकसित होत आहे. देशातील मुख्य काजू उत्पादक भागांत नैसर्गिक शेती केली जाते.

कमीत कमी खते आणि कीडनाशकांचा वापर

एका अंदाजानुसार फक्त २० टक्के काजू उत्पादक भागांत रासायनिक खते किंवा कीडनाशकांचा वापर होतो, (सिवरामन अँड हुब्बळी- २००२, शालिनी यादव- २०१०).

आरोग्यासाठी पोषक

बदाम, हेझलनट अशा अन्य सुक्या मेव्याच्या तुलनेमध्ये आंतरराष्ट्रीय बाजारपेठेत काजूचे स्थिर भाव हा भारतीय काजू उद्योगाच्या वाढीतील एक महत्त्वाचा घटक आहे. पोषक मूल्याच्या दृष्टीनेही काजू अन्य तत्सम पिकांएवढाच महत्त्वाचा आहे. काजूमध्ये उच्च प्रथिनांसहित विपुल प्रमाणात असंतृप्त मेदाम्ले असतात. तसेच संतृप्त मेद आणि विद्राव्य शर्करेचे प्रमाण कमी असते. यातील बहुअसंतृप्त मेदाम्ले ही पोषणमूल्यांचा दृष्टीने खूपच महत्त्वाची असून, ती रक्तातील कोलेस्टेरॉलचे प्रमाण कमी करतात. म्हणूनच आरोग्याविषयी अतिजागरूक ग्राहक असलेल्या पाश्चात्त्य बाजारपेठेत काजूला पसंती मिळत आहे, (एन.आर.सी.सी.पी.).

यामुळे हे पीक फारशा अतिरिक्त कष्टाशिवाय काही काळातच संपूर्ण सेंद्रिय शेतीकडे वळणे सोपे होऊ शकते. अशा प्रकारे बाजारात उपलब्ध असलेल्या संधी मिळविण्यासाठी या पिकात सेंद्रिय शेती करण्यास खूप मोठा वाव आहे. (एस. एम. कुमार आणि अन्य). काही कालावधीत काजू उत्पादनाची प्रगत तंत्रे विकसित केल्यामुळे भारतीय काजू उत्पादन मोठ्या प्रमाणात वाढले आहे. सध्या भारत जगातील आघाडीच्या काजू उत्पादक देशांपैकी एक आहे.

तक्ता क्रमांक १ : भारतातील काजू उत्पादन

वर्ष	उत्पादन (मेट्रिक टन)
१९९२	३०५३१०
१९९३	३५००००
१९९४	३५००००
१९९५	३२१६४०
१९९६	४१७८३०
१९९७	४३००००
१९९८	३६००००
१९९९	४६००००
२०००	५२००००
२००१	४५००००
२००२	४७००००
२००३	५०००००
२००४	५३५०००
२००५	५४४०००
२००६	५७३०००
२००७	६२००००
२००८	६६५०००
२००९	६९५०००
२०१०	६१३०००
२०११	६७४६००
२०१२	७२५०००
२०१३	७५३०००
२०१४	७५३०००
२०१५	७४५०००
२०१६	६७१०००
२०१७	७४५०००
२०१८	८१७०००

संदर्भ : 'फूड अँड ॲग्रिकल्चर ऑर्गनायझेशन' (एफएओ-FAO)

काजू उत्पादन वर्षे

तक्ता क्रमांक १मध्ये दर्शविल्याप्रमाणे १९९२पासून २०१८पर्यंतच्या कालावधीत भारतीय काजू उत्पादनात सतत वाढ होताना दिसते. काजूगर उत्पादनवाढीसाठी राबविलेल्या विविध उपक्रमांचा तो परिपाक आहे. काजूची आयात कमी करण्यासाठी देशांतर्गत उत्पादन वाढविण्याची गरज आहे. भारत हा जगातील आघाडीचा काजू उत्पादक देश असला तरी काजू व्यापाराची मोठी मागणी पुरवण्यास देशांतर्गत उत्पादन पुरेसे नाही. काजू उत्पादनातील वाढ हे भारतीय काजूगर उद्योगासाठी सुचिन्ह आहे.

काजूगर उत्पादनात दुसरा क्रमांक

भारत हा एक प्रमुख काजू उत्पादक देश असून, कच्च्या काजूगर उत्पादनात भारताचा जागतिक पातळीवर दुसरा क्रमांक लागतो. मात्र काजूगर उत्पादन आणि लागवडीखालील क्षेत्र यामध्ये भारत जागतिक पातळीवर प्रथम क्रमांकावर आहे. जागतिक मागणीपैकी सुमारे ५५ टक्के काजूगर पुरवठा एकटा भारत करतो.

महाराष्ट्र हे देशातील काजू उत्पादनातील महत्त्वाचे राज्य आहे. स्थानिक प्रक्रिया उद्योगाची मागणी पूर्ण करण्यासाठी स्थानिक काजू उत्पादन वाढविणे गरजेचे आहे. भारतीय काजू उत्पादनाची स्वतःची अशी काही वैशिष्ट्ये उदा. चव, रंग, वजन, भौगोलिक परिस्थिती, नैसर्गिक काजू शेती आणि छोटे काजू उत्पादक आहेत. धोरणात्मक पातळीवर प्रयत्न केल्यास अपारंपरिक काजू उत्पादक राज्यांतही काजू उत्पादन वाढविणे शक्य आहे. त्याचा देशाच्या काजूगर उद्योगाच्या विकासामध्ये मोठा फायदा होऊ शकतो.

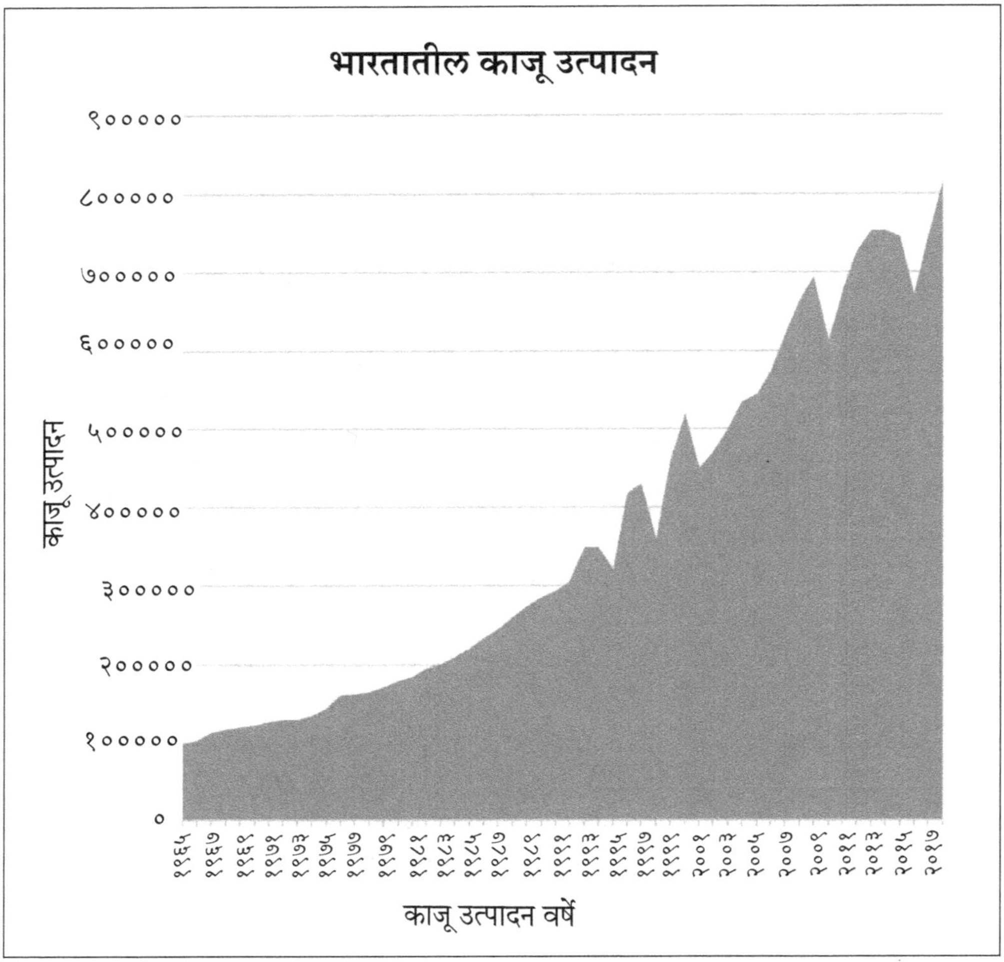

भारतातील काजू उत्पादक राज्ये

भारतात काजूचे पारंपरिक व अपारंपरिक उत्पादन घेणारी मुख्यतः १० राज्ये आहेत. केरळ हे भारतात सर्वाधिक काजू उत्पादन करणारे राज्य होते, परंतु १९९९-२००० नंतर महाराष्ट्र राज्य काजू उत्पादनात अग्रेसर राहिले आहे, (तक्ता क्रमांक २ नुसार).

या राज्यांसोबत गोवा, तामिळनाडू, आंध्र प्रदेश, कर्नाटक आणि ओडिशा ही देशांतील प्रमुख काजू उत्पादक राज्ये आहेत. प्रक्रिया उद्योगाची मागणी पुरवण्यास भारताला काजू उत्पादन

क्षेत्रासाठी अजूनही मोठी संधी असल्याचे स्पष्ट होते, (तक्ता क्र.२).

तक्ता क्रमांक २ : विविध राज्यांतील काजू उत्पादन

	२००६–२००७	२००७–२००८	२००९–२०१०	२०१०–२०११	२०११–२०१२	२०१२–२०१३	२०१३–२०१४	२०१४–२०१५
केरळ	७२००० (११.६१) ४	७८००० (११.७३) ४	८०००० (११.५१) ४	७१००० (१०.८७) ४	७३००० (१०.५४) ४	७६९६० (१०.५) ४	८०००० (११.०३) ४	८०००० (१०.८६) ४
कर्नाटक	५२००० (८.३९) ६	५६००० (८.४२) ६	७५००० (१०.७९) ६	४७००० (८.७२) ६	६०००० (८.६७) ६	७४६४० (१०.२४) ६	८०००० (११.०३) ६	८०००० (१०.८६) ६
गोवा	२९००० (४.६८) ७	३१००० (४.६६) ७	६०००० (८.६३) ७	२४००० (३.५४) ७	२५००० (३.६१) ७	२९००० (३.९८) ७	३२००० (४.४१) ७	३२००० (४.३४) ७
महाराष्ट्र	१९७००० (३१.७७) १	२१०००० (३१.५८) १	२३०००० (३२.८९) १	२०८००० (३१.८४) १	२२३००० (३२.२२) १	२२४००० ३०.७६ १	२३५००० (३२.४१) १	२३६००० (३२.०६) १
तामिळनाडू	६०००० (९.६८) ५	६४००० (९.७७) ५	२२५००० (३२.३७) ५	६४००० (९.९५) ५	६८००० (९.८२) ५	६२००० (८.९१) ५	६७००० (९.२४) ५	६७००० (९.१०) ५
आंध्र प्रदेश	९९००० (१५.९७) २	१०७००० (१६.०९) २	६८००० (९.७८) २	१०७००० (१६.३८) २	११०००० (१५.८९) २	११८००० (१६.२०) २	१००००० (१३.७९) २	१००००० (१३.५८) २
ओडिशा	८४००० (१३.५५) ३	९०००० (१३.४३) ३	११२००० (१६.११) ३	९१००० (१३.९३) ३	९७००० (१४.०१) ३	१००००० (१३.७३) ३	८५००० (११.७२) ३	--
पश्चिम बंगाल	१०००० (१.६१) ९	१०००० (१.५०) ९	८५००० (१६.११) ९	११००० (१.६८) ९	५००० (०.७२) ९	१२००० (३.१२) ९	१३०००० (१७.८४) ९	८५००० (११.५४) ९
इतर	१७००० (२.७०) ८	१८००० (२.७०) ८	१९००० (२.७३) ८	१९००० (२.९०) ८	३१००० (४.४७) ८	२८००० (३.८४) ८	३२००० (४.४१) ८	४३००० (७.२०) ८
एकूण	६२०००० १००	६६५००० १००	६९५००० १००	६५३०० १००	६९२००० १००	७२८००० १००	७२५००० १००	७३६००० १००

संदर्भ : लेखकाने दिलेल्या आकडेवारीनुसार

१. कंसातील आकडे (%) देशातील एकूण काजू उत्पादनातील राज्यांचा वाटा दर्शवितात

२. देशातील एकूण काजू उत्पादनातील राज्यांची क्रमवारी

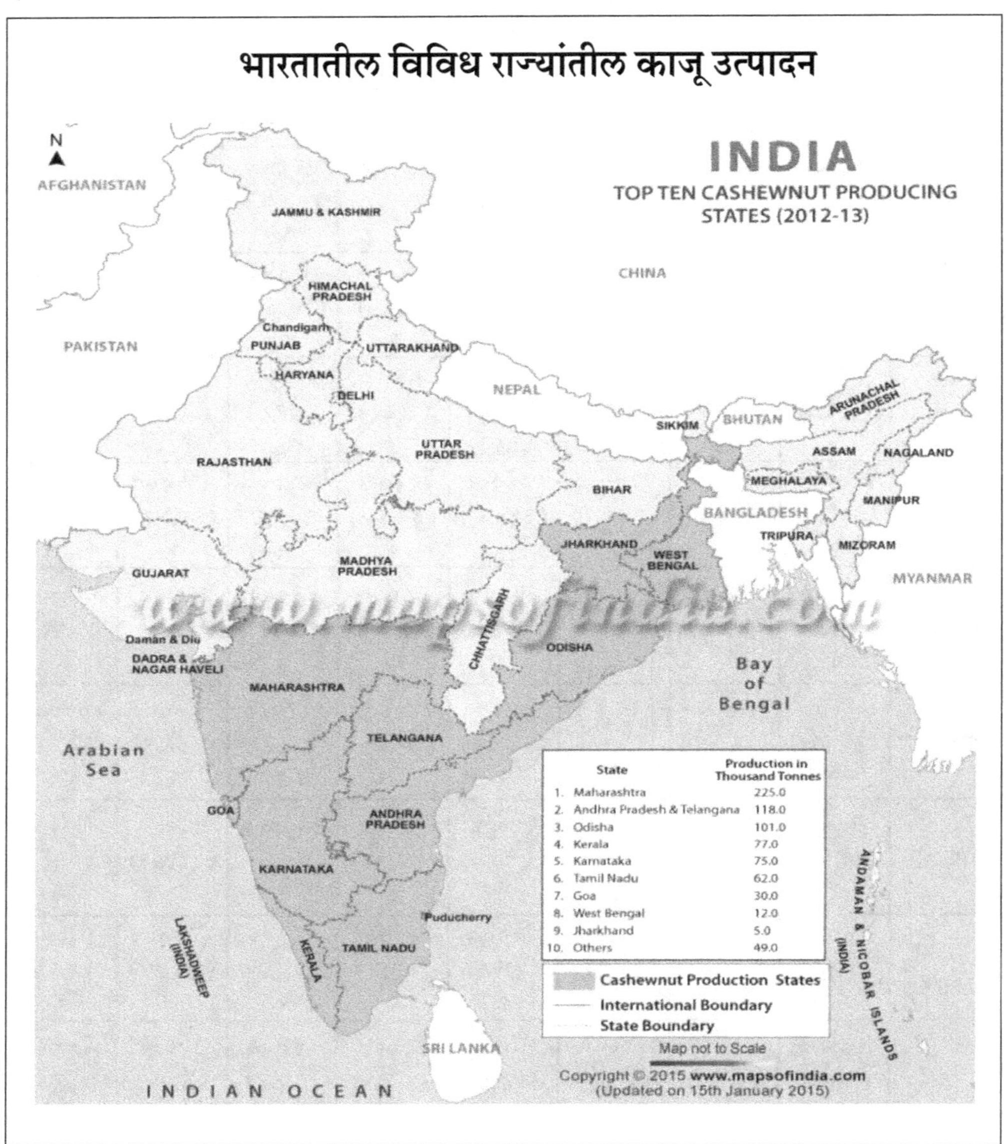

REFERENCES

1. Director, National Research Center for Cashew, Puttur, 574202, D.K., Karnataka, India.

2. Dr. Patil Parashram Jakappa (2012), 'Problems and Prospects of Cashewnut Industry of Kolhapur District,' Shivaji University, Kolhapur.

3. Export Promotion Council (2005), 'The Market for Cashew nut in India' Ghana Export Promotion Council, http://www.gepcghana.com.

4. Sijaona M.E.R (2002), 'Assessment of the Situation and Development Prospects for the Cashew nut Sector,' Director Agricultural Research Institute (ARI) Naliendele Mtwara, United Republic of Tanzaniya.

5. S. Muthu Kumar, V. Ponnuswami, K. Padmadevi, 'CASHEW INDUSTRY IN INDIA,' ISHS Acta Horticulturae 1080 : I International Symposium on Cashew Nut. 6. UNIDO CDP, New Delhi (2003), 'The Cashew and Fruit Processing Cluster Sindudurg, District Maharashtra.'

7. Yadav Shalini (2010), 'Economic of Cashew India,' National Bank for Agriculture and Rural Development, Mumbai (NABARD).

● ● ●

३. भारतीय काजूची निर्यात

काजू व्यवसायात भारत जगाचे नेतृत्व करतो. भारतीय अर्थव्यवस्थेतील काजूचे महत्त्व वर्णन करण्यासाठी काजूला 'पांढरे सोने' असेही म्हटले जाते. जागतिक काजू अर्थव्यवस्थेत उच्चस्थानी असलेल्या भारतामध्ये काजूगरांचे सर्वाधिक उत्पादन होऊन त्यावर सर्वाधिक प्रक्रियाही केली जाते. भारतीय काजू अर्थव्यवस्था विचार केल्याशिवाय जागतिक काजू अर्थव्यवस्थेचे चित्र पूर्ण होऊ शकत नाही.

भारत हे जागतिक काजूगर उद्योगाचे केंद्र आहे, (व्ही अँड डी, २००७). काजू व्यवसाय सुरू करणारा भारत हा पहिला देश आहे. जगातील पहिला काजूप्रक्रिया कारखानाही भारतातच सुरू झाला, (प्रभू, २००१).

उर्वरित जगाला काजूगर पुरवणारा पहिला देशही भारत हाच आहे. तरीही मागील काही काळात, विशेषतः मागील दशकात भारताच्या जागतिक काजू निर्यातीचा हिस्सा कमी-जास्त होत आहे, (डॉ. यादव, २०१०).

भारतातून काजूची ९५ टक्के आयात

आता भारत हा जागतिक काजू अर्थव्यवस्थेतील क्रमांक एकचा देश राहिलेला नाही. कारण भारत जगभर काजूगर निर्यात करत असला तरी जगाच्या एकूण काजू उत्पादनाच्या ९५ टक्के आयात भारत करतो. यातूनच भारताच्या आंतरराष्ट्रीय काजू व्यापाराचे चित्र स्पष्ट होते. भारताच्या आंतरराष्ट्रीय काजू व्यापारातील भवितव्य टिकवण्यासाठी त्यातील अडचणी व संधीचा शोध घेतला गेला पाहिजे. भारताच्या आंतरराष्ट्रीय व्यापारात काजू निर्यात क्षेत्र हे महत्त्वाची भूमिका बजावत असून, त्याचा जागतिक काजू अर्थव्यवस्थेत मोठा वाटा आहे. त्यातून भारताला दरवर्षी २,३०० कोटी रुपये मूल्याचे परकीय चलन मिळते.

आयात आणि निर्यात यातील चढउतारामुळे येणाऱ्या अडचणी

तथापि, भारताच्या काजू आयात आणि निर्यातीमधील चढउतारामुळे या व्यवसायात कार्यरत आयातदार आणि निर्यातदार या

तक्ता क्रमांक ३ : भारतीय काजूगराची निर्यात

वर्षे	निर्यात (मेट्रिक टन)	वर्षे	निर्यात (मेट्रिक टन)
१९६५	५३८०८	१९९२	५८३९९
१९६६	४७९०६	१९९३	६९८३२
१९६७	५२२५७	१९९४	७६८९७
१९६८	६०४९०	१९९५	७००६९
१९६९	६२६७८	१९९६	६४२७४
१९७०	५४०७०	१९९७	६५८०९
१९७१	५९९९५	१९९८	७१०४२
१९७२	६४५४३	१९९९	९२२२२
१९७३	५७०४६	२०००	८१६६१
१९७४	५७९७६	२००१	९०३९९
१९७५	५९१७३	२००२	१२२०६४
१९७६	५५९३९	२००३	९८५४६
१९७७	४००४२	२००४	१०९८६९
१९७८	२३९३४	२००५	१२४९६६
१९७९	३७०५४	२००६	१२११२४
१९८०	२६२४७	२००७	११०८१५
१९८१	३३६८७	२००८	१२५४८९
१९८२	३१७७६	२००९	११७३६२
१९८३	३६५१०	२०१०	९२५९८
१९८४	३०६३५	२०११	१३३४००
१९८५	४०५८२	२०१२	१०१८६६
१९८६	३९४८०	२०१३	१२६१७०
१९८७	३५९४७	२०१४	११६५७१
१९८८	३३९७१	२०१५	१०३१७०
१९८९	४५५४५	२०१६	८३०९३
१९९०	४९८१२	२०१७	८२,३०२
१९९१	४७९०८	२०१८	८४,३४३

संदर्भ : 'फूड अँड ॲग्रिकल्चर ऑर्गनायझेशन' (एफएओ-FAO)

दोघांनाही विविध अडचणींचा सामना करावा लागत आहे. याचा भारतीय काजूगर उद्योगावर विपरीत परिणाम होत आहे.

काजू उद्योगावरील परिणाम

- भारतीय काजू निर्यातीची भरभराट न होण्यामागे वित्तपुरवठ्याचा अभाव
- मार्गदर्शनाचा अभाव
- आफ्रिकी देशांकडून होणारी स्पर्धा
- गुणवत्ता नियंत्रण प्रक्रियेचा अभाव,
- साठवणुकीच्या सुविधांचा अभाव,
- उत्पादन तंत्रज्ञानाचा अभाव

अशा अनेक गोष्टी कारणीभूत ठरत आहेत. देशांतर्गत कच्च्या काजूचे उत्पादन हे भारताच्या काजूप्रक्रिया उद्योगाची मागणी पुरवण्याइतके सक्षम नसल्यामुळे या उद्योगाला कच्च्या काजूच्या आयातीवर अवलंबून राहावे लागत आहे.

थोडक्यात, कच्च्या काजूची आयात केल्याखेरीज भारतीय काजू उद्योगाला निर्यात करणे शक्य नाही. ही स्थिती सुधारण्यासाठी, विकास करण्यासाठी भारतीय काजू उद्योगाने योग्य धोरणे आखली पाहिजेत. आपले आघाडीचे स्थान टिकवून ठेवण्यासाठी, काजू निर्यातीच्या क्षेत्रामध्ये असलेल्या संधीचा लाभ घेण्यासाठी भारतीय काजू उद्योगाला खूप प्रयत्न करावे लागतील.

आपण भारतीय काजू उद्योगाची निर्यात क्षमता जाणून घेण्यासाठी या प्रकरणात भारतीय काजू निर्यातीचे तपशीलवार चित्र मांडणार आहोत. तसेच क्षमता असूनही केवळ देशांतर्गत उत्पादन कमी असल्याचा भारतीय काजू उद्योगाला आंतरराष्ट्रीय व्यापारात कसा फटका बसत आहे, हे समजून घेऊ.

भारताची काजूगर निर्यात

काजूगर उद्योगाला निर्यातीत मोठा वाव आणि उज्ज्वल भविष्य आहे. तक्ता क्रमांक ३ मध्ये दर्शविल्यानुसार काजूगर निर्यातीचे चित्र स्पष्ट होईल.

भारत हा जगातील दुसऱ्या क्रमांकाचा काजूगर निर्यातदार देश आहे. तक्ता क्रमांक ३ नुसार, २०१७चा अपवाद वगळता भारताच्या निर्यातीत सातत्याने वाढ होत आहे. या संपूर्ण कालावधीत भारतीय काजू निर्यात क्षेत्राचा सलग विकास होताना दिसतो आहे. भारताला काजू निर्यातीत जगाचे नेतृत्व करण्यास वाव आहे. काजू निर्यातीमुळे भारत सरकारला अमूल्य परकीय चलन मिळते.

काजू टरफलाच्या तेलाची निर्यात

या उद्योगाला अनेक आयाम म्हणजे बाजू आहेत, काजूच्या टरफलापासून तेलाची निर्मिती आणि निर्यात हा त्यांपैकी एक! तक्त्यामध्ये दिलेल्या माहितीनुसार हे चित्र आणखी स्पष्ट होईल.

काजूच्या टरफलापासून मिळणारे तेल हे काजूचे उपउत्पादन असून, त्यातील विशेष गुणधर्मामुळे त्याला प्रचंड निर्यात क्षमता आहे. तक्ता क्रमांक ४ मध्ये त्याच्या निर्यातीचा विकास दिसून येतो. काजूगरांच्या निर्यात मूल्य व निर्यात प्रमाणाचा एकत्रित वाढीचा दर, अनुक्रमे २४१ टक्के व १९३ टक्के आहे. काही काळातच काजूच्या टरफलापासून मिळणाऱ्या तेलाच्या निर्यातीमध्ये प्रगती होत असल्याचे दिसत आहे. या तेलाच्या निर्यातीतून भारताला बहुमूल्य परकीय चलन मिळते. निर्यात वाढ चांगली असून, ती सातत्याने वाढत आहे.

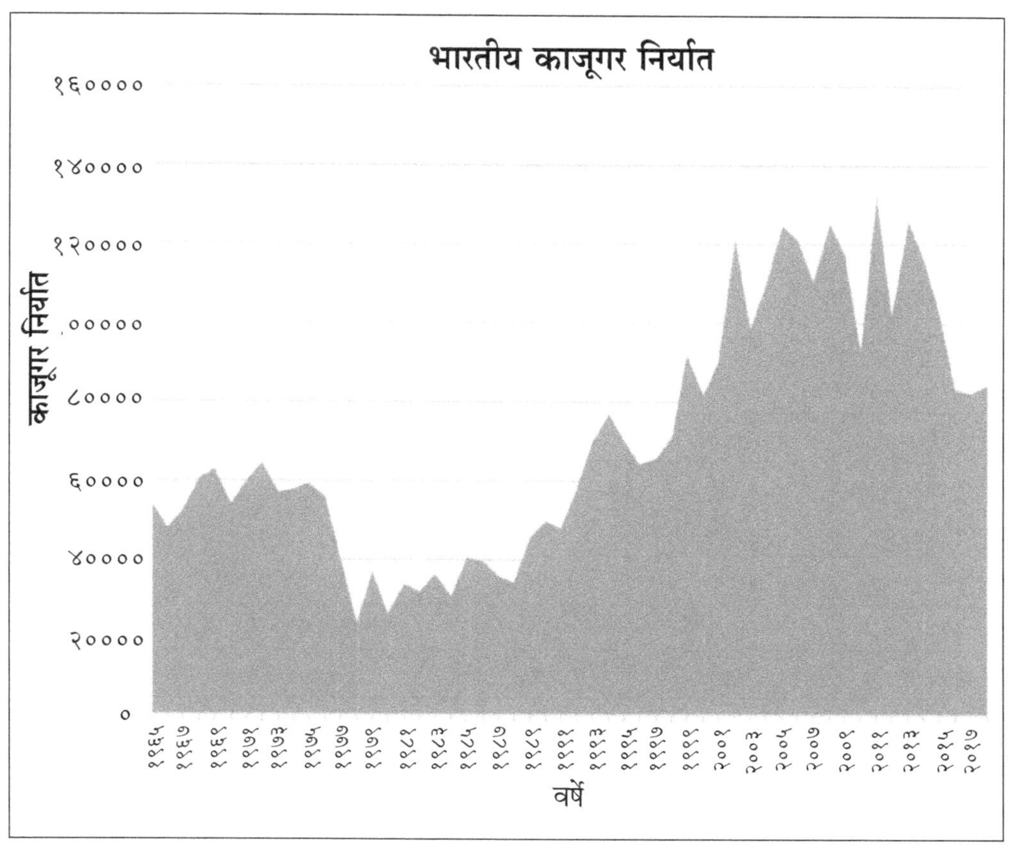

कच्च्या काजूची आयात

दीर्घकाळापासून भारतीय काजूगर उद्योग हा कच्च्या काजूची आयात करत आला आहे. ही काजूची वाढती आयात भारताची कच्च्या काजूसाठी अन्य देशांवरील अवलंबित्व दाखवते. भारतीय काजू उद्योगाच्या दृष्टीने ही एक चिंतेची बाब असून, त्यावर मात करण्यासाठी देशांतर्गत काजू उत्पादन वाढविणे अत्यंत गरजेचे आहे. आयात केलेल्या कच्च्या काजूंवर प्रक्रिया करून ते पुन्हा निर्यात करण्यासाठी प्रगत स्वीकृती योजना (ॲडव्हान्स ऑथॉरिझेशन स्कीम) चांगली आहे.

या योजनेमुळे १ टक्के दराचा फटका बसत असला तरी काजूगर निर्यातदार हे त्यांच्या आवश्यकतेइतके आयातकर मुक्त कच्चे काजू मागवू शकतात. अर्थात, त्यासाठी त्यांना प्रमाण आणि मूल्याधारित निर्यातीची बंधने पाळावी लागतात. आयातकरमुक्त योजनेंतर्गत एक किलो काजूगर निर्यात करणाऱ्यास चार किलो कच्चे काजू आयात करण्याची परवानगी मिळते.

काजूगरांच्या एफओबी (म्हणजे वस्तूंच्या निर्यात आणि आयातीची किंमत! जी समान मूल्यमापनाच्या टप्प्यावर वस्तूंचे बाजारमूल्य ठरवून निर्यात केली जाते. जिथे त्या अर्थव्यवस्थेची सीमाशुल्क सीमा म्हणून ठरवली जाते.). मूल्यात १५ टक्के सीआयएफ (कॉस्ट इन्शुरन्स आणि फ्रेट -1 CIF) हा एक आंतरराष्ट्रीय शिपिंग करार आहे, जो मालवाहतूक करताना

तक्ता क्रमांक ४ : देशातील काजूच्या टरफलापासून मिळणाऱ्या तेलाची निर्यात

वर्ष	निर्यात प्रमाण(मेट्रिक टन)	निर्यात मूल्य (रु. लाखांत)	निर्यात प्रमाण संचयी वाढ (%)	निर्यात मूल्य संचयी वाढ (%)
१९९०-९१	५६५८	५५६	-	-
१९९१-९२	४५४२	४०२	८०	७२
१९९२-९३	४२५८	३८१	८५	७८
१९९३-९४	३६२५	२९०	७४	२३
१९९४-९५	३८०७	२४४	७७	३१
१९९५-९६	७६०	१४५	२४	१४
१९९६-९७	१७३५	२७७	४१	३७
१९९७-९८	४४४६	७१७	८८	११६
१९९८-९९	१५७२	३२६	३८	१८६
१९९९-००	७६४	१८४	२४	१६१
२०००-०१	२२४६	३८९४	४०	८२८
२००१-०२	१८१४	४१९	३३	२०३
२००२-०३	७२१५	९२५	१२८	२९४
२००३-०४	६९२६	७०३	१२३	२५५
२००४-०५	७४७४	७९१	१३२	२७०
२००५-०६	६४०५	७०९	११४	२४७
२००६-०७	५५८९	९२०	१००	२९४
२००७-०८	७८१३	१११७	१३९	३४३
२००८-०९	९०९९	२६.०६	१६०	२००
२००९-१०	११२२७	२७.६२	१९८	२४७
२०१०-११	१२०५१	३३.७७	२१२	२६५
२०११-१२	१३५७५	५९.४६	२३९	२९८
२०१२-१३	९११२	२९.८४	१६२	२०२
२०१३-१४	९४८९	३८.६१	१६७	२०८
२०१४-१५	१०९३८	५५.८१	१९३	२४१

स्रोत : फूड ॲण्ड ॲग्रिकल्चर ऑर्गनायझेशन आणि लेखकाच्या गणनेनुसार

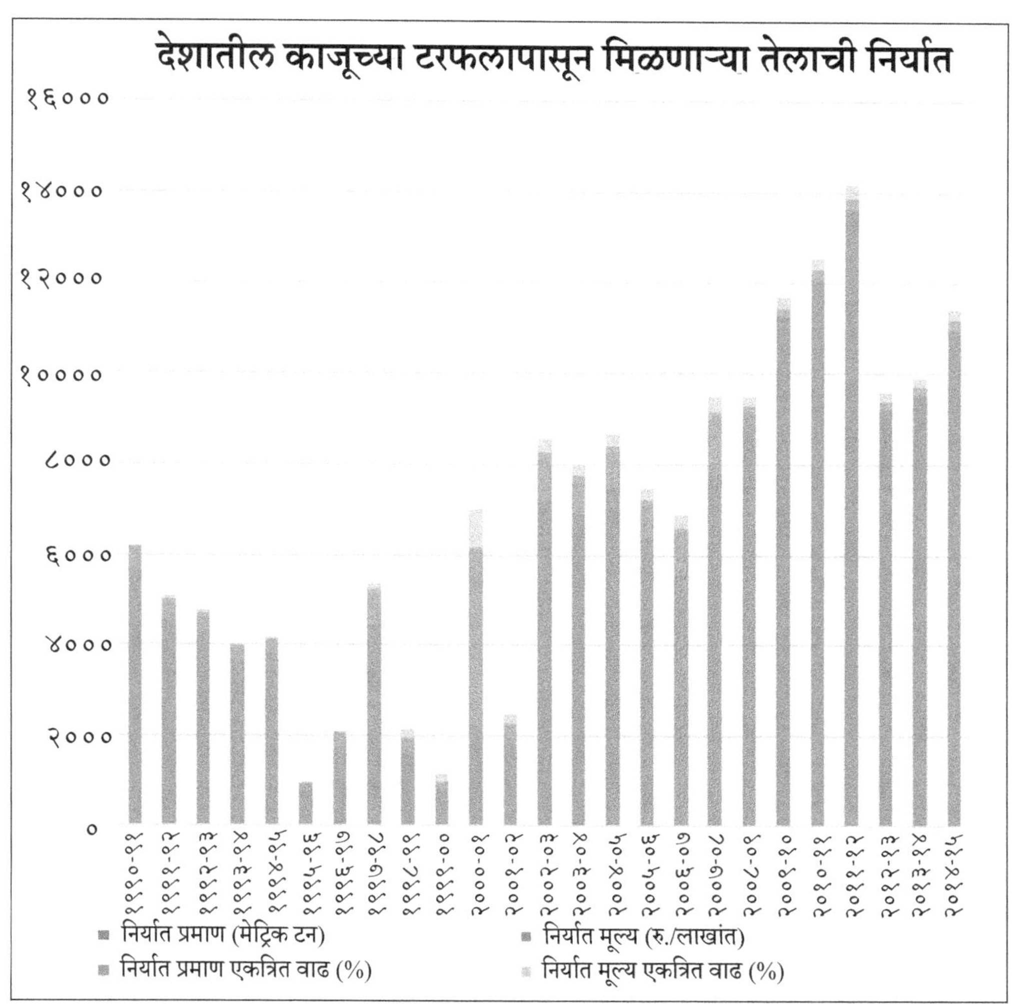

खरेदीदाराच्या खरेदीची किंमत, विमा आणि वाहतूक खर्च करण्यासाठी विक्रेत्याने भरलेल्या शुल्कांचे प्रतिनिधित्व करतो.) मूल्याचा समावेश करायला पाहिजे. मोठे निर्यातदार ह्या शून्य कराचा लाभ कोणत्याही अडचणीशिवाय घेऊ शकतात. मात्र मध्यम निर्यातदारांना देशातील काजू विक्रेत्यांकडून काजूगर विकत घेऊन उत्पादनातील तूट ताळेबंदात ४/१ (चारास एक) प्रमाणात भरून काढावी लागते. अशा प्रकारच्या खरेदीस परवानगी असली पाहिजे, अन्यथा हे मध्यम निर्यातदार अडचणीत येऊ शकतात. ताळेबंदातील छोट्याशा फरकासाठी निर्यातदारांना विनानिकष या विभागांतर्गत पर्याय ठेवलेला आहे. हा निकष ठरल्यावर आयात-निर्यात होऊ शकते. अशा प्रकारे निश्चित केलेले निकष कमी प्रमाणात कच्च्या मालाला परवानगी देत असतील, तर या दरम्यानच्या फरकासाठी योग्य आयात कर भरला गेला पाहिजे, (वर्ल्ड कॅश्यू, २०१६).

<h2 align="center">तक्ता क्रमांक ५ : कच्च्या काजूची आयात</h2>

वर्ष	कच्च्या मालाची आयात (मेट्रिक टन)	वर्ष	कच्च्या मालाची आयात (मेट्रिक टन)
१९६५	१७५४९८	१९९३	१९१३२२
१९६६	१४०७४६	१९९४	२२८१०९
१९६७	१८४५४६	१९९५	२२२८१९
१९६८	२०३५१७	१९९६	१९९२९
१९६९	१९०७८५	१९९७	१९४३१
१९७०	१७०७८५	१९९८	३८८९४
१९७१	१६७४५९	१९९९	२४५१०६
१९७२	१९२८७९	२०००	२४९३१९
१९७३	१७२११०	२००१	१६१७९०
१९७४	१७७२८९	२००२	४०२९८२
१९७५	१३५८१५	२००३	४४५५००
१९७६	७६१८१	२००४	४६८४१९
१९७७	६५०७६	२००५	५४२६०७
१९७८	१८३६०	२००६	५८५८९३
१९७९	३४०२३	२००७	५९१३२९
१९८०	११२७३	२००८	६१२५५९
१९८१	१७६९१	२००९	७५२४६३
१९८२	४८६४	२०१०	४४८८२९
१९८३	११९२८	२०११	७९८२८९
१९८४	३४९३३	२०१२	८२१६४८
१९८५	२७७५०	२०१३	८२९९२६
१९८६	४३६७२	२०१४	९०६७४९
१९८७	४२६०९	२०१५	९६९६४७
१९८८	४५१५०	२०१६	७२६६२४
१९८९	५९५९१	२०१७	७७०४१६
१९९०	८२६३९	२०१८	५९२६०४
१९९१	१०६०८०		
१९९२	१३४९८५		

स्रोत / संदर्भ : फूड ॲण्ड ॲग्रिकल्चर ऑर्गनायझेशन

भारत हा जगात सर्वात जास्त कच्चे काजू आयात करणारा देश आहे. (तक्ता ५ कच्च्या काजूच्या आयातीत झालेली वाढ दर्शविली आहे.)

भारतातील प्रक्रिया उद्योगाची क्षमता लक्षणीय वाढली आहे. देशांतर्गत काजू उत्पादन हे स्थानिक प्रक्रिया उद्योगाची गरज भागवू शकत नसल्यामुळे भारताने कच्च्या काजूची आयात सुरू केल आहे.

भारतातील काजूप्रक्रिया केंद्रे

भारत आंतरराष्ट्रीय काजू व्यापारातील एक अग्रेसर देश असून, काजूच्या व्यापारातील संधीचा पुरेपूर लाभ घेत आहे. (तक्ता क्रमांक ६ हा भारतातील काजूप्रक्रिया केंद्राच्या समस्यांवर भाष्य करतो.)

भारत हा जगात सर्वाधिक काजूचे उत्पादन आणि प्रक्रिया करणारा देश आहे. तक्ता क्रमांक ६नुसार महाराष्ट्रात देशातील सर्वाधिक काजूप्रक्रिया कारखाने आहेत, मात्र एकूण प्रक्रिया क्षमतेच्या बाबतीत महाराष्ट्र हा अन्य राज्यांच्या मागे आहे. महाराष्ट्रासोबतच केरळ, तामिळनाडू, ओडिशा, आंध्र प्रदेश आणि गोवा ही काजूप्रक्रिया करणारी प्रमुख राज्ये आहेत. केरळ प्रक्रिया क्षमतेमध्ये सर्वात पुढे आहे. यावरून काजूप्रक्रिया उद्योग हा संपूर्ण भारतभर पसरला असल्याचे स्पष्ट होते.

भारतात केरळ हे अन्य राज्यांपेक्षा प्रक्रिया क्षमतेत आघाडीवर आहे. तामिळनाडू हे भारतातील मोठे राज्य असून, एकूण प्रक्रिया

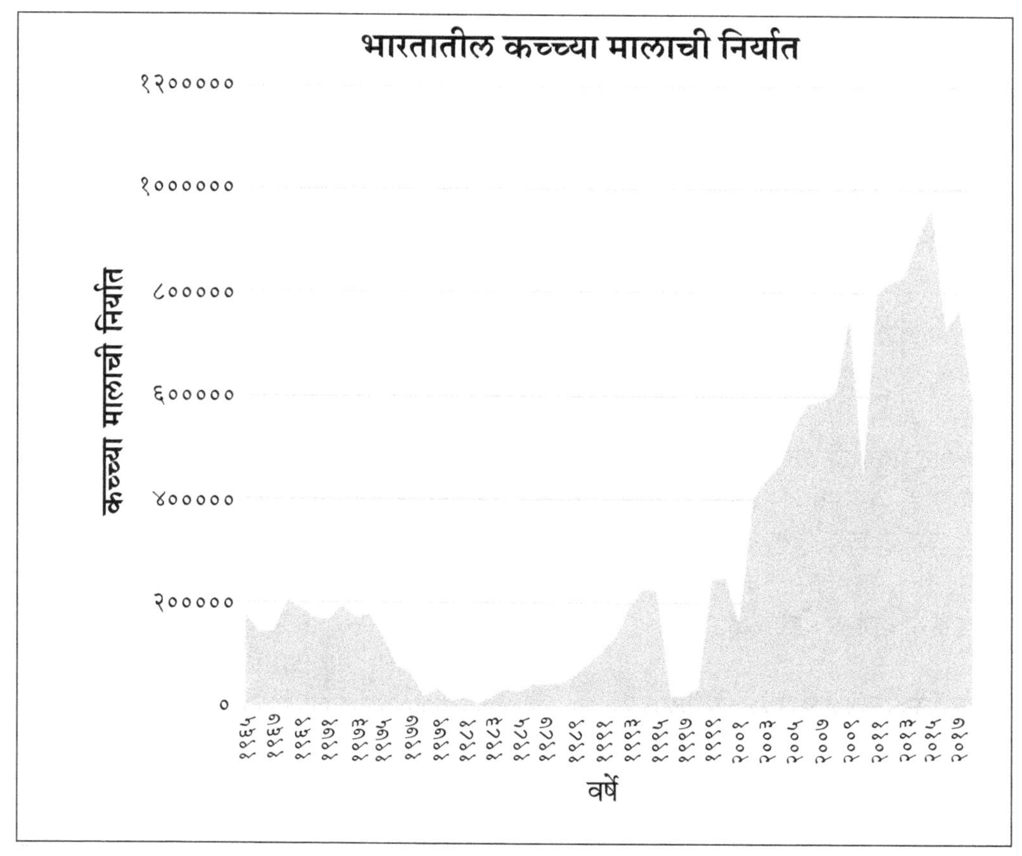

तक्ता ६ : भारतातील काजू प्रकिया कारखाने

राज्य	प्रक्रिया कारखाने (संख्या)	क्षमता	वापर (मेट्रिक टन)			एकूण क्षमतेच्या वापराचे प्रमाण
			स्थानिक	आयात	एकूण	
केरळ	४३२	७००	६७	३२०	३८७	५५.
कर्नाटक	२६६	६५	४५	२०	६५	१००
गोवा	४५	२१	२१	०	२१	१००
महाराष्ट्र	२२००	२०	२०	०	२०	१००
तामिळनाडू	४१७	५६५	२९४	२२५	५१९	९१
आंध्रप्रदेश	१७५	९५	९२	०	९२	१००
ओडिसा	६०	११	११	०	११	१००
पं. बंगाल	३०	८	८	०	८	१००
छत्तीसगड	३	०	०	०	०	०
ईशान्येतील राज्ये	२२	१५	१५	०	१५	१००
एकूण	**३६५०**	**१५००**	**५७३**	**५६५**	**११३८**	**७५.८६**

संदर्भ : भारतीय काजू निर्यात प्रोत्साहन परिषद (कॅशयू एक्सपोर्ट प्रमोशन कौन्सिल ऑफ इंडिया-सीईपीसीआय)
(टीप : १,८५० कारखाने हे गृहोद्योगाच्या स्वरूपाचे आहेत.)

क्षमतेपैकी सर्वाधिक क्षमतेचा वापर तामिळनाडूत झाला आहे, (आकृती क्रमांक ४). एकूण प्रक्रिया क्षमता आणि तिचा पुरेपूर वापर यात तफावत दिसून येते. म्हणजेच असलेल्या क्षमतेपेक्षा खूपच कमी प्रक्रिया होत आहे.

काजू निर्यात बाजारपेठेची व्याप्ती

जागतिक पातळीवर भारताची काजू निर्यात सर्वाधिक असून, ती सर्व जगभर पसरलेली आहे. यावरून भारतीय काजू निर्यातीच्या घट्ट विणलेल्या जाळ्यामुळेच भारत हा काजूअर्थव्यवस्थेत जागतिक पातळीवर आघाडीवर आहे.

भारतीय काजू निर्यातीची खोली आणि जगभर पसरलेला विस्तार तक्ता क्रमांक ७वरून दिसून येते. भारतीय काजूगर उद्योगाला असलेला वाव आणि निर्यातीसाठी उपलब्ध बाजारपेठा याचीही आवश्यक माहिती या तक्त्यातून स्पष्ट होते. अमेरिकन आणि युरोपियन देश मुख्यतः भारतीय काजूगर आयात करत असून, तेथील बाजारपेठांमध्ये भारतीय काजूला मागणी आहे.

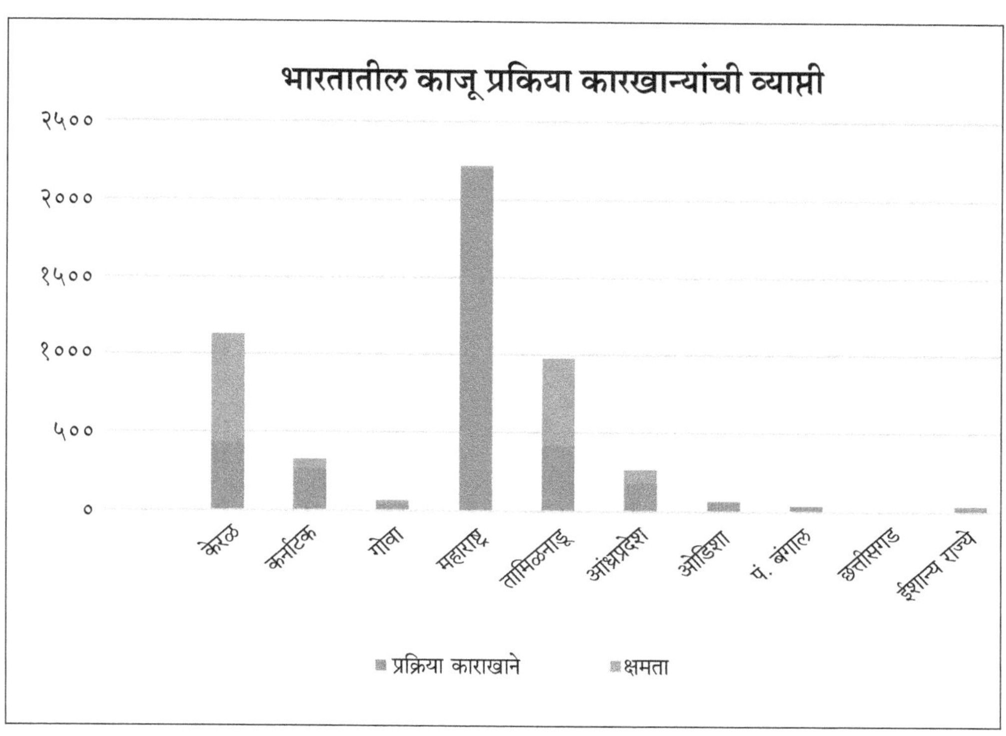

भारतीय काजू टरफलाच्या तेल निर्यातीची व्याप्ती

भारतीय काजूगर उद्योग दर्जेदार काजूबरोबरच काजूच्या टरफलापासून बनविलेल्या दर्जेदार निर्यातक्षम तेलाचेही उत्पादन करतो. या तेलालाही मोठी बाजारपेठ उपलब्ध आहे.तक्ता क्रमांक ८ भारतीय काजूच्या टरफलापासून बनविलेल्या तेलासाठी उपलब्ध बाजारपेठ स्पष्ट करतो. भारतासाठी काजूच्या टरफलापासून बनविलेल्या तेलासाठी उत्तम बाजारपेठ उपलब्ध असून, त्यातूनच भारतीय काजूगर उद्योग आणि काजू निर्यात क्षेत्राचे भविष्य उज्ज्वल राहणार आहे.

चार दशकांत भारताची मक्तेदारी

काजूच्या टरफलापासून बनविलेल्या तेलाचा वापर विविध उद्योगांत होतो. औद्योगिकदृष्ट्या प्रगत देशांमध्ये त्याला मोठी मागणी आहे.

अमेरिका आणि चीन हे भारतीय काजूच्या टरफलाच्या तेलाचे प्रमुख आयातदार आहेत. जागतिक काजू व्यापारासह याही क्षेत्रामध्ये गेल्या चार दशकांत भारताची मक्तेदारी दिसून येते, मात्र गेल्या दशकामध्ये हे चित्र काहीसे बदलले असून, आफ्रिकन देश, ब्राझील आणि व्हिएतनाम हे देश या क्षेत्रात तीव्र स्पर्धा निर्माण करत आहेत.

या नवीन स्पर्धकांमुळे अमेरिका व युरोपियन देशांशी असलेल्या भारताच्या काजू व्यापारावर विपरीत परिणाम होत आहे, कारण यामुळे काजू उद्योगातील पुढील व मागील दुव्यावर परिणाम होत असून, हे भारतीय काजू उद्योगाला परवडणारे नाही. हे लक्षात घेता काजू उद्योगाच्या वाढीसाठी भारताने धोरणात्मक बाबींवर अधिक लक्ष केंद्रित करावे लागेल.

तक्ता क्रमांक ७ : भारतीय काजू निर्यात बाजारपेठेची व्याप्ती

देश	प्रमाण (मेट्रिक टन)	मूल्य (रु. /कोटी)	देश	प्रमाण (मेट्रिक टन)	मूल्य (रु. /कोटी)
यूएसए	३५२३६	९११.३१	रशिया	४८४	१३.५३
यूएई	१२२९५	३९३.३१	कॅनडा	६७८	१६.५३
नेदरलॅण्ड	१११७८	२८९.०२	कुवेत	१००१	३१.१९
जपान	५९४४	१५९.१६	इजिप्त	११८४	३७.७२
सौदी अरेबिया	३३८६	१०७.५३	अल्जेरिया	२२१	६.३३
यूके	२७९८	७१.७६	टर्की	१३४६	३६.५६
फ्रान्स	३६२३	९०.१२	कोरिया (रिप)	७१७	२०.२५
स्पेन	२६३४	६९.१४	जॉर्डन	१०९३	३१.०७
जर्मनी	१७३९	४१.५१	नॉर्वे	७२७	१९.०९
बेल्जियम	२९८६	७२.४७	सीरिया अरब (रिप)	८५०	२५.८७
सिंगापूर	१६९२	४१.३१	हाँगकाँग	५३०	१५.१४
इटली	११९४	२९.११	इतर	८८९	१७.२३
ग्रीस	१३११	३५.३६	एकूण	१०५७५५	२२०.७१
थायलँड	७३३	२१.५७			
ऑस्टेलिया	१३५९	३२.७०			

संदर्भ : सीईपीसीआय

तक्ता ८ : भारतातील काजूच्या टरफलापासून बनविलेल्या तेल निर्यातीची व्याप्ती

देश	प्रमाण (मेट्रिक टन)	मूल्य (रु. कोटी)
यूएसए	५३७४	१२.०५
चीन	३१४२	८.३९
कोरिया (रिप.)	१६९७	५.८३
जपान	७१२	२.१६
तैवान	१२२	०.८०
स्लोव्हेलिया	२६७	१.१३
इंडोनेशिया	१६०	०.४६
यूके	०	०.००
सिंगापूर	१५३	०.९९
इराण	०	०.००
इतर	४२४	१.९०
एकूण	१२०५१	३३.७७

संदर्भ : सीईपीसीआय

REFERENCES

1. Dr. Patil Parashram Jakappa (2012), 'Problems and Prospects of Cashewnut Industry of Kolhapur District,' Shivaji University, Kolhapur.
2. J. Steven (1994), 'Private Trader Response to Market Liberalizations Indian Cashew Exports Competitiveness 53 in Tanzania's Cashew Nut Industry, the World Bank Agricultural and Natural Resources Department Agricultural Policies Division.'
3. K. V. Praveen (2004), Consumer Perspective on Cashew Procurement, Indian Cashew Convention 2004, Raddission White Sands Ressorts Goa.
4. K.Brijesh (2004), 'Supply and Demand Dynamics, 2004 Beyond Raw Cashew nuts and Kernels,' Indian Cashew Convention 2004, Radisson White Sands Ressort Goa.
5. Minas K Papademtriou & E. M. Herath, (1998), 'Integrated Production Practices of Cashew in Asia, Food and Agriculture's Organization of the United Nations.'
6. M. Mcmillan, D. Roderick and K. H. Welch (2002), 'When Economic Reform Goes Wrong : Cashew in Mozambique, National Bureau of Economic Research, 1050 Massachusetts Avenue Cambridge, MA02138.'
7. Mole, P. Nicua, (2000), 'Economic Analysis of Smallholder Cashew Development Mozambique's Northern Provinces of Nampula,' Michigan State University.
8. M.Meera (2004), 'Managing the Price for Cashew, Indian Cashew Convention 2004, Radission White Sands Ressort Goa.'
9. Mahajan, S.S. and Patil (2009), 'Role of Cashew nut Industry in Development of Hilly Region In Kolhapur District, National Conference on Development of Hilly Region : The Problems and Potentials.'
10. Nair H (2004), 'Marketing Nutrition - for Cashew, Indian Cashew Cashew Convention 2004,' Raddission White Sands Ressorts Goa.
11. Naik A.N., Kovlagi A.K. and Wader L.K. (2006), 'Marketing of Cashew Kernels in North District of Goa, Indian Journal Agriculture Marketing

publication of Indian Society of Agriculture Marketing' 112-ARachna Vishwa K. T., Nagar Kutol Road Nagpur.

12. Pillai A. (2004), 'Increasing Domestic Kernels Consmpations, Indian Cashew Convention 2004,' Raddission White Sands Ressorts Goa.

13. Rao B.V., Swamy K. R. M. and Bhat M. G. (2006), Cashew, (Ed.), Plantation Crops, Paratha Sankar Basu, Kolkata.

14. Ramaswamy P. (1967), 'Mechanization in Cashew Processing and its Implications for Indian Cashew Industry, Indian Journal Agriculture Marketing,' Published by the Directorate of Marketing and Inspection, Ministry of Food, Agriculture Community Development & Cooperation (Department of Agriculture), Government of India, Nagpur.

15. P. G. Giridhar (2004), 'Cashew International Market Dynamics', 2004, 'Indian Cashew Convention,' 2004, Radisson White Sands Ressort Goa.

16. Sandhu H.K. (1982), 'An Econometric Analysis of Indian Export-Share of Cashew Kernels in the World Trade,' Indian Journal of Agricultural Economics, 54 Indian Cashew Exports Competitiveness

17. S. Pankaj (2004), 'World Cashew Trade Scenario & Issues, Indian Cashew Convention,' 2004, Radisson White Sands Ressort Goa.

18. S.Walter D., 'Increasing World Cashew Kernels Consumption,' (2004), 'Indian Cashew Convention' 2004, Radisson White Sands Resorts Goa.

19. Vellingiri D., Thiyagarjan D. (2007), 'The Cashew nut Industry in India Growth and Prospectus,' 'The ICFAI Journal of Agricultural Economics,' Hyderabad.

20. Wadkar S.S, Talathi J.M. and Torane S. R. (2005), Performance of Cashew Export from India, Agricultural Marketing.

21. Zam-Ali, S. H. and Judge E.C. (2004), 'Small Scale Cashew Nut Processing,' Publishing Management Service Information Division, FAO, Caracalla, Rome, Italy.

22. http://worldCashew.com/two-specific-schemes-to-save-on-customs duty-1/

● ● ●

४. काजू निर्यात स्पर्धात्मकता

स्वातंत्र्योत्तर काळात प्रथमच भारताच्या कृषी निर्यात धोरणाची आखणी करण्यात आली. त्यानुसार २०२२पर्यंत एकूणच कृषी निर्यात आणि शेतकऱ्यांचे उत्पन्न दुप्पट करण्याच्या उद्देशाने भारताच्या कृषी निर्यातीपैकी काजू हे सर्वांत महत्त्वाचे उत्पादन असून, त्याला निर्यातीत सर्वाधिक वाव आहे. भारताला काजू लागवडीची ४०० वर्षांची परंपरा आहे. पोर्तुगीज खलाशांनी सोळाव्या शतकात काजू वृक्ष प्रथम पश्चिम किनारपट्टीवर लावला, (डॉ. पाटील पी. जे., २०१२). त्यानंतर भारत हा सर्वांत मोठा काजू निर्यातदार देश ठरला असला तरी गेल्या काही वर्षांत काजू निर्यात क्षेत्राला विविध आव्हानांचा सामना करावा लागत आहे. त्यामुळे भारताचे जागतिक काजू बाजारपेठेतील स्थान डळमळीत झाले आहे.

सुरुवातीला काजूचा विचार प्रामुख्याने मुख्यतः जंगलवाढीसाठी आणि पडीक जमिनीच्या विकासासाठी केला जात होता. फळबाग म्हणून काजूचा विचार फारसा होत नव्हता, (के. सी. जॉन, २००२). जमिनीची धूप थांबविण्यासाठी त्याचा उपयोग केला जाई. त्याचे व्यापारी उत्पादन हे १९६०च्या दशकात सुरू झाले. त्यानंतर काजू हे काही काळातच उच्च आर्थिक मूल्य असलेले पीक झाले.

तीन दशकांत लागवड क्षेत्रात वाढ

बऱ्यापैकी परकीय चलन मिळविल्यामुळे काजूला निर्यातकेंद्रित शेतीमालाचा दर्जा लाभला. १९६०मध्ये केरळ, आंध्र प्रदेश आणि ओडिशा ही भारतातील आघाडीची काजू उत्पादक राज्ये होती. २०१७-१८मध्ये ओडिशाने काजू लागवडीखालील सर्वाधिक क्षेत्र व्यापत केरळ, आंध्र प्रदेश, महाराष्ट्र आणि तामिळनाडूला मागे टाकले. गेल्या तीन दशकांत लागवडीखालील एकूण काजू क्षेत्र ५,३०,८६९

हेक्टरपासून ९,७८,००० हेक्टरपर्यंत वाढले आहे, (एफएओ).

लागवडीखालील क्षेत्र वाढले असले तरी उत्पादनामध्ये अपेक्षेप्रमाणे वाढ न झाल्यामुळे भारतीय काजूगर उद्योगाला कच्च्या मालाचा तुटवडा जाणवत आहे. त्याचा एकूणच प्रक्रिया आणि निर्यातीवर विपरीत परिणाम होत आहे. कच्च्या काजूची आयात वाढत जाऊन ती २०१७-१८ मध्ये ६,४९,०५० मे. टन झाली.

या आयातीचे मूल्य ८,८५०.३० कोटी होते. २००६-०७ मध्ये कच्च्या काजूची आयात ५,९२,६०४ मे.टन होती. त्याचे मूल्य १,८११ कोटी होते. या आयातीसाठी मोठ्या प्रमाणात परकीय चलन खर्च होत असल्यामुळे एकूणच काजू उत्पादन धोरणामध्ये बदल होण्याची आवश्यकता आहे.

निर्यातयोग्य काजूसाठी पुरेशी संसाधने

२००६-०७ मध्ये काजूगराचा एकूण परदेशी व्यापार हा ६४३.५३ कोटींचा होता, तो वाढून २,९७९.०६ कोटींपर्यंत पोचला आहे. भारतीय काजू उद्योगाला उज्ज्वल भविष्य असून, निर्यातयोग्य काजू उत्पादनासाठी देशात पुरेशी संसाधनेही उपलब्ध आहेत.

उदाहरणार्थ परंपरागत ज्ञान, पोषक भौगोलिक परिस्थिती, सुपीक जमीन, मजुरांची उपलब्धता, तयार बाजारपेठ, भारतीय ब्रँड, तांत्रिक माहिती आणि मजूरकेंद्रित उत्पादन.

हे सर्व घटक भारताला उच्च निर्यात क्षमता गाठण्यासाठी उपयुक्त ठरतील. पारंपरिक अनुभवातून प्रगत काजू उत्पादन तंत्र विकसित झाले असल्यामुळे काजू उत्पादन वाढण्यास खूप मदत होईल. सर्वाधिक काजू उत्पादन घेणाऱ्या भारतात महाराष्ट्र, केरळ, गोवा, तामिळनाडू, आंध्र प्रदेश, कर्नाटक, ओडिशा, पश्चिम बंगाल आणि आसाम या दहा राज्यांत काजू उत्पादन केले जाते.

उत्पादकतेत महाराष्ट्र आघाडीवर

भारत हा काजू अर्थव्यवस्थेतील प्रमुख देश असून, जागतिक कच्च्या काजूच्या उत्पादनामध्ये त्याचा सर्वाधिक २० टक्के हिस्सा आहे. भारतामध्ये काजू उत्पादन १०.२७ लाख हेक्टर क्षेत्रावर घेतले जाते. हेक्टरी ७०६ किलो इतक्या उत्पादकतेसह एकूण उत्पादन ७.२५ लाख मे.टन होते. त्यात उत्पादन आणि उत्पादकतेमध्ये महाराष्ट्र आघाडीवर आहे.

आंध्र प्रदेश आणि ओडिशा तिसऱ्या व चौथ्या क्रमांकावर आहेत. सातत्यपूर्ण आणि समन्वयित संशोधनामुळे नव्या जातींचा विकास, उच्च उत्पादन तंत्रज्ञान यातून उत्पादन आणि उत्पादकता लक्षणीय पातळीपर्यंत वाढली आहे. काजूप्रक्रिया ही प्रामुख्याने लहान प्रक्रियादारांकडून केली जाते. भारत कच्च्या काजूची आयात दीर्घकाळापासून करत असून आयात सातत्याने वाढत चालली आहे. स्थानिक काजू उत्पादन आणि प्रक्रियादारांकडून होणारी मागणी यातील तफावत मोठी आहे. एकूण मागणीच्या केवळ ६० टक्के उत्पादन होते.

काजूप्रक्रिया क्षमतेत वाढ

भारत हा जगातील सर्वाधिक मोठा काजूचा आयातदार देश आहे. गेल्या काही वर्षांमध्ये भारताची काजूप्रक्रियेची क्षमता लक्षणीयरीत्या वाढली आहे.

देशांतर्गत काजू उत्पादन या उद्योगाची मागणी पुरवू शकत नसल्यामुळे काजू आयातीला सुरुवात झाली. यासाठी नवीन क्षेत्रांचा विकास, पुनर्लागवड, व्यावसायिक लागवडी, उच्च उत्पादन देणारे वाण, उत्पादकता वाढविणे,

तक्ता क्रमांक ९ : भारतातील राज्यनिहाय काजू क्षेत्र वाढ, उत्पादन, उत्पादकता

राज्य	क्षेत्र (हेक्टर)		वाढ/घट २००८ ते २०१७ दरम्यान	उत्पादन (मेट्रिक टन)		वाढ/घट २००८ ते २०१७ दरम्यान	उत्पादकता (किलो/प्र. हेक्टर)		वाढ/घट २००८ ते २०१७ दरम्यान
केरळ	७०	९१	२१	७५	८४	९	१०७१	९६२	-११३
कर्नाटक	१०७	१२८	२१	६०	८५	२५	५६१	६७२	९१
गोवा	५५	५८	३	३०	३३	३	५४५	५६१	१६
महाराष्ट्र	१७०	१८६	१६	१२५	२५७	१३२	१३२३	१३७८	१५५
तामिळनाडू	१३१	१४२	११	६८	६८	००	५१९	४७८	-४१
आंध्रप्रदेश	१८२	१८६	४	११२	१११	-१	६१५	६००	-१५
ओडिशा	१३७	१८३	४६	९५	९४	-१	६९३	५१३	-८०
पं. बंगाल	११	११	००	११	१३	२	१०००	११४०	११४०
इतर	३०	५७	२७	१९	३५	१६	६३३	७०८	७४

संदर्भ : काजू आणि कोकोआ विकास संचालनालय

संशोधनाचे जाळे आणि पायाभूत सुविधांचा विकास, पर्यावरणस्नेही उत्पादन पॅकेजेस, जसे सेंद्रिय शेती आणि एकात्मिक कीड व्यवस्थापन अशी वेगवेगळी धोरणे उत्पादनवाढीसाठी राबवली जात आहेत.

सातत्यपूर्ण १० टक्के वाढीमुळे काजूची जागतिक बाजारपेठ गतिमान आहे. रसायनमुक्त उत्पादनामुळे भारतीय काजूला सेंद्रिय मालाचा दर्जा मिळाल्यास त्याला अधिक मूल्य मिळू शकते. देशातील मुख्य काजू उत्पादक प्रदेशात काजूची नैसर्गिक शेती केली जाते. अंदाजे एकूण क्षेत्राच्या २० टक्के पेक्षा कमी काजू पीक जमिनीवर रासायनिक खते व कीडनाशके वापरली जातात, (शालिनी यादव, २०१०).

काजूगरातील घटक पदार्थ

काजूगरात मोठ्या प्रमाणात जीवनसत्त्वे, इलेक्ट्रोलाइट्स (ऊर्जा देणारे घटक) आणि खनिजे आढळतात.

अन्नप्रक्रिया उद्योगातील महत्त्वाचा घटक

काजूमध्ये खूप उष्मांक असतात. त्यात कोलेस्टेरॉल नसते. काजूत विद्राव्य तंतुमय घटक, जीवनसत्त्वे, खनिजे आणि विपुल प्रमाणात आरोग्यवर्धक फायटोकेमिकल असतात. काजू हा मूलभूत खनिजांचा स्रोत आहे. उदाहरणार्थ मँगेनीज, पोटॅशियम, कॉपर, आयर्न, मॅग्नेशियम, जस्त आणि सेलेनियम.

काजूमध्ये शक्ती आणि ताकद देणारी पोषणमूल्ये आहेत. काजूगरांसाठी अन्नप्रक्रिया

तक्ता क्रमांक १० : काजूचे पोषक मूल्य

मूलभूत तत्त्व	पोषकद्रव्याचे प्रमाण	शिफारस आहार मूल्यांचे प्रमाण (आरडीए)
ऊर्जा	५५३ Kcal	२८%
कर्बोदके	३०.१९ g	२३%
प्रथिने	१८.२२ g	३२.५%
स्निग्ध घटक	४३.८५ g	१४६%
कालेस्टेरॉल	0 mg	0%
आहारातील तंतूमय घटक	३.3 g	८.५%
जीवनसत्त्वे		
फोलेट्स	२५ μg	६%
नियासिन	१.0६२ mg	६.५%
पॅन्टोथेनिक ॲसिड	0.८६४ mg	१७%
पायरिडॉक्सिन	0.४१७ mg	३२%
रायबोफ्लेविन	0.0५८ mg	४.५%
थायामिन	0.४२३ mg	३५%
व्हिटामिन-A	0 IU	0%
व्हिटामिन-C	0.५ mg	१%
व्हिटामिन- E	५.३१ mg	३५%
व्हिटामिन- K	३४.१ μg	२८%
इलेक्ट्रोलाइट्स		
सोडियम	१२ mg	१%
पोटॅशिअम	६६0 mg	१४%
खनिजे		
कॅल्शियम	३७ mg	४%
कॉपर	२.१९५ mg	२४४%
आयर्न	६.६८ mg	८३.५%
मॅग्नेशिअम	२९२ mg	७३%
मँगेनीज	१.६५५ mg	७२%
फॉस्फरस	४९३ mg	८५%
सेलेनियम	१९.९ μg	३६%
झिंक	५.७८ mg	५२.५%
कॅरोटीन-ß	0 μg	--
क्रिप्टो झॅन्टीन-ß	0μg	--
ल्युटिन झेक्सॅन्टिन	२२ μg	

संदर्भ : कार्पेट एक्सपोर्ट प्रमोशन कौन्सिल

तक्ता क्रमांक ११ : काजू निर्यातीतून मिळालेले एकूण परकीय चलन

	काजूगर निर्यात		काजूच्या टरफलापासून बनविलेल्या तेलाची निर्यात		कच्च्या काजूची आयात		एकूण परकीय चलन (मूल्य रु. कोटी)
	प्रमाण (मेट्रिक टन)	मूल्य (रु. कोटी)	प्रमाण (मेट्रिक टन)	मूल्य (रु. कोटी)	प्रमाण (मेट्रिक टन)	मूल्य (रु. कोटी)	
२०१७-१८	८४,३४३	५,८७०.९७	८,३२५	३२.६३	६,४९,०४०	८,८५०.०३	-३०३४.४३
२०१६-१७	८२,३०२	५,१६८.७८	११,४२२	४४.००	७,७०,८४६	८,८३९.४२	३६२६.६४
२०१५-१६	९६,३४६	४,९५२.१२	११,६७७	५७.५९	९,५८,३३९	८,४६१.०१	-३५५१.३
२०१४-१५	१,१८,९५२	५,४३२.८५	१०,९३८	४४.८१	९,३९,९१२	६,४७०.९३	-१०८२.२७
२०१३-१४	१,१४,७९१	५,०५८.७३	९,४८०	३०.६१	७,७१,३५६	४,५६३.९९	५२५.३५
२०१२-१३	१,००,१०५	४,०६७.२१	९,१९२	२९.८४	८,९२,१६०	५,३३१.१२	१२३४.०७
२०११-१२	१,३१,७६०	४,३९०.६८	१३,४७५	४९.४६	८,०९,३७१	५,३३७.७६	-८८७.६२
२०१०-११	१,०५,७५५	२,८१९.३९	१२,०५१	३३.७७	५,२९,३७०	२,६४९.५६	२०३.६
२००९-१०	१,१७,९९१	२,८०१.६०	११,२२७	२७.६२	७,५५,९५१	३,०४७.४०	-२१८.२८
२००८-०९	१,०९,५२२	२,९८८.४०	९,०९९	२६.०६	६,०५,८५०	२,६३२.४१	३८२.०५
२००७-०८	१,१४,३४०	२,२८९.०२	७,८१३	११.१८	६,०५,१७०	१,७४६.८०	५५४.२
२००६-०७	१,१८,५४०	२,४५५.१५	६,१३९	१०.२९	५,९२,६०४	१,८११.६२	६५३.८२

संदर्भ : सीईपीसीआय अँड डीजीसीआय अँड एस, कोलकाता

उद्योग ही प्रमुख बाजारपेठ आहे. अन्न व अन्न उत्पादनात काजूचा वापर होतो. काजू हा विविध अन्नप्रक्रिया उद्योगातील एक महत्त्वाचा घटक आहे. चॉकलेट, आइस्क्रीम, थंड पेये, बिस्कीट, बेकरी व औषधे उत्पादनात काजूचा वापर मोठ्या प्रमाणावर केला जातो.

सध्या भारत ६० पेक्षा जास्त देशांत काजूगरांची निर्यात करतो. काजूगर निर्यातीतून भारताला प्रति वर्षी ५,५०० कोटींचे परकीय चलन मिळते. भारताच्या काजू निर्यातीसाठी अमेरिका, संयुक्त अरब अमिरात, नेदरलँड, सौदी अरेबिया आणि जपान या प्रमुख बाजारपेठा आहेत. या देशांत भारत एकूण १.१९ लाख मेट्रिक टन काजूगर निर्यात करतो, तसेच काजूची काही उपउत्पादने उदा. काजू टरफलाचे तेल, कार्डनोई, काजू वान यांचीही निर्यात केली जाते.

काजू निर्यातीत वाढ

भारतीय काजूची निर्यात २००८ मध्ये २,४६५.४४ कोटी रुपये होती, ती वाढून २०१७ मध्ये

५,९०३.६० कोटी झाली. काजूची बाजारपेठ गतिमान असून त्यात दर, प्रमाण आणि मूल्यात चढ-उतार होत असतात. नुकतेच भारतीय कच्च्या काजूचे आयात मूल्य हे एकूण काजूच्या निर्यात मूल्यापेक्षा अधिक झाले आहे. त्यासाठी भारत प्रक्रियेसाठी मोठ्या प्रमाणात कच्च्या काजूच्या आयातीवर अवलंबून असणे हे मुख्य कारण आहे.

भारत हा सर्वात मोठा काजू उत्पादक, प्रक्रिया करणारा आणि आयातदार (कच्च्या काजूंचा) देश आहे. गेल्या काही वर्षांपासून काजू व्यापारात भारताला स्पर्धक निर्माण झाले आहेत.

ब्राझील, इंडोनेशिया, व्हिएतनाम आणि काही आफ्रिकन देश काजूप्रक्रिया उद्योगात भारताला कडवी स्पर्धा देत आहेत. या देशांना त्यांच्या निर्यातदारांपर्यंत माल पोचवण्यासाठी खर्चही कमी आल्यामुळे त्याचा भारताला फटका बसत आहे.

व्यापारवृद्धीला वाव

काजूचे जागतिक उत्पादन २०१७ मध्ये ३९,७१,०४६ टन इतके होते. व्हिएतनाम, भारत आणि कोट-डे-आयव्हरी ह्या आघाडीच्या उत्पादक देशांचा यात वाटा अनुक्रमे २२ टक्के, १९ टक्के आणि १८ टक्के होता. बेनिन, गिनी बिसौ, केप वर्दे, टांझानिया, मोझांबिक, इंडोनेशिया आणि ब्राझील ह्या देशांनीसुद्धा काजूगरांचे मुबलक उत्पादन केले. भारतीय काजूप्रक्रिया कारखाने प्रक्रियेसाठी ऑईल बाथ रोस्टिंग आणि स्टीम रोस्टिंग अशा आधुनिक पद्धतींचा वापर करतात, त्यामुळे काजूचा उत्तम दर्जा राहतो आणि टरफलापासून तेल काढणे शक्य होते. अन्नप्रक्रिया उद्योगात काजू हा महत्त्वाच्या घटकांपैकी एक असल्यामुळे त्याच्या व्यापारवृद्धीला वाव आहे.

काजूच्या चवीमुळे आणि वर्षानुवर्षांच्या उपलब्धतेमुळे आंतरराष्ट्रीय काजू व्यापारात भारताचा वेगळा ब्रँड विकसित झालेला आहे. मात्र नवीन स्पर्धकांमुळे तीव्र स्पर्धा उत्पन्न झाल्याने भारताचे जागतिक काजू बाजारपेठेतील स्थान डळमळीत होऊ लागले आहे. त्यामुळे एका पूर्वनियोजित पद्धतीने पुढील विकास होत राहण्यासाठी या उद्योगाला सरकारच्या सकारात्मक पाठिंब्याची गरज आहे.

लॉकडाउनचा निर्यातीवरील परिणाम

व्हिएतनामकडून भारताला मोठी स्पर्धा होत असून, लॉकडाउनच्या काळात हा देश काजू निर्यातीचा अनेक देशांमध्ये विस्तार करत होता त्यामुळे भारताची अंतर्गत बाजारपेठ ठप्प झाली होती. हे काजू निर्यातीसाठी सुचिन्ह नाही. उलट त्याचा मोठा फटका बसणार आहे, (नवमी सुधीश, २०२०).

लॉकडाउनच्या काळात भारत परदेशातील बाजारपेठांकडून आलेली मागणी पूर्ण करू शकला नाही. भारताला एकही मोठी ऑर्डर पूर्ण करता आली नाही. काजू उद्योग महत्त्वाच्या आंतरराष्ट्रीय मागण्या पूर्ण करण्यात अडचणी आल्या. अशा वेळी व्हिएतनामने पूर्णक्षमतेने निर्यात करून परदेशातील मागणी पूर्ण केली होती. त्याच वेळी भारताकडून मागणी पूर्ण होत नसल्यामुळे करार रद्द करण्याची वेळ आली होती. थोडक्यात, या काळात व्हिएतनामने भारताची बाजारपेठेतील पोकळी भरून काढत ऑर्डर्स मिळवल्या. 'कॅश्यू एक्स्पोर्ट प्रमोशन कौन्सिल ऑफ इंडिया'चे माजी अध्यक्ष आर. के. भूदेश यांच्या म्हणण्याप्रमाणे भारताला काजू निर्यातीत हा मोठाच धक्का होता.

व्हिएतनामशी स्पर्धा

मध्य पूर्वेतील बाजारपेठ भारताशी एकनिष्ठ होती, पण तीही भारताने गमावली. अन्य मुख्य बाजारपेठ म्हणजे अमेरिकाही त्यांनी पूर्णपणे काबीज केली. भारताने आंतरराष्ट्रीय काजू बाजारपेठेत जरी पुनरागमन केले असले तरी पुढील नुकसान तो टाळू शकणार नाही. यापुढे भारताला व्हिएतनामशी तीव्र स्पर्धा करावी लागेल. एका बाजूला आंतरराष्ट्रीय बाजारपेठेत पिछेहाट झाली असताना दुसऱ्या बाजूला देशांतर्गत बाजारपेठेत कोविड-१९ मुळे मंदी सुरू आहे. भारत स्वतःही काजूचा सर्वात मोठा ग्राहक असून, हीच काजू अर्थव्यवस्थेची ताकद आहे. योग्य पणन धोरणे आखल्यास देशांतर्गत बाजारपेठेचा लाभ कोविड-१९ महामारीच्या काळामध्ये व त्यानंतरही घेतला जाऊ शकतो.

व्हिएतनाममध्ये काजूप्रक्रियेचे यांत्रिकीकरण मोठ्या प्रमाणात केल्यामुळे तो देश आपली उत्पादने खूप कमी किमतीत विकू शकतो. तथापि, भारतीय काजू जास्त दर्जेदार असून, ते जास्त दिवस टिकू शकतात हा मुद्दाच भारतीय काजूचा एकमेव विक्रीचा मुद्दा (यूएसपी) आहे, (होल्स, डब्ल्यू- १८०). दर्जेदार काजूंची नेहमीच निर्यात होते. दोन भाग झालेले आणि तुटलेले काजूगर देशांतर्गत बाजारपेठेत विकले जातात. म्हणून निर्यातकेंद्रित कारखाने हे हातातून गेलेली बाजारपेठ पुन्हा काबीज करण्यासाठी आणि या क्षेत्राच्या पुनरुज्जीवनासाठी खूप महत्त्वाचे ठरणार आहेत.

दराची स्पर्धात्मकता

भारतीय काजू निर्यातीची स्पर्धात्मकता दुबळी झाली असून, भारताला जागतिक काजू बाजारपेठेत बऱ्याच आव्हानांचा सामना करावा लागत आहे. काजूच्या निर्यात व्यापारात भारताच्या अन्य स्पर्धक देशांकडे नेमक्या कोणत्या बाबी उपयुक्त ठरत आहेत, याचा अभ्यास केला गेला पाहिजे.

- **युनायटेड किंगडम :** शुल्क ० टक्के असल्यामुळे युनायटेड किंगडममधील शुल्काचा भारतावर विपरीत परिणाम नाही.
- **स्पेन :** शुल्क ० टक्के असल्यामुळे स्पेनमधील शुल्काचा भारतावर विपरीत परिणाम होत नाही.
- **जर्मनी :** शुल्क ० टक्के असल्यामुळे जर्मनीमधील शुल्काचा भारतावर विपरीत परिणाम होत नाही.
- **बेल्जियम :** शुल्क ० टक्के असल्यामुळे बेल्जियममधील शुल्काचा भारतावर विपरीत परिणाम होत नाही.
- **नेदरलँड्स :** शुल्क ० टक्के असल्यामुळे नेदरलँड्समधील शुल्काचा भारतावर विपरीत परिणाम होत नाही.
- **अमेरिका :** शुल्क ० टक्के असल्यामुळे अमेरिकेमधील शुल्काचा भारतावर विपरीत परिणाम होत नाही.
- **फ्रान्स :** शुल्क ० टक्के असल्यामुळे फ्रान्समधील शुल्काचा भारतावर विपरीत परिणाम होत नाही.
- **सौदी अरेबिया :** सर्व स्पर्धक देशांसाठी शुल्क ५ टक्के असल्यामुळे सौदी अरेबियामधील शुल्काचा भारतावर विपरीत परिणाम होत नाही, मात्र सौदी अरेबियासोबत व्यापारी वाटाघाटी करून हे शुल्क आणखी कमी करण्यासंदर्भात भारत प्रयत्न करू शकतो.
- **संयुक्त अरब अमिराती :** सर्व स्पर्धक देशांसाठी शुल्क ५ टक्के असल्यामुळे संयुक्त अरब अमिरातीमधील शुल्काचा भारतावर विपरीत परिणाम होत नाही. मात्र, संयुक्त अरब अमिरातीसोबत व्यापारी वाटाघाटी करून हे शुल्क आणखी कमी करण्यासंदर्भात भारत प्रयत्न करू शकतो.

तक्ता क्रमांक १२ : प्रमुख काजू निर्यातदार देशांतील आयात शुल्क

अनुक्रमांक	देश	आयात शुल्क
१	यूएसए	0% (Most favoured Nation Tariff)
२	यूएई	5% (Most favoured Nation Tariff)
३	नेदरलँड	0% (Most favoured Nation Tariff)
४	जपान	0% (Most favoured Nation Tariff)
५	सौदी अरेबिया	5% (Most favoured Nation Tariff)
६	यूके	0% (Most favoured Nation Tariff)
७	फ्रान्स	0% (Most favoured Nation Tariff)
८	स्पेन	0% (Most favoured Nation Tariff)
९	जर्मनी	0% (Most favoured Nation Tariff)
१०	बेल्जियम	0% (Most favoured Nation Tariff)

संदर्भ : इंडिया ट्रेड पोर्टल

तक्ता क्रमांक१३ : भारताच्या स्पर्धक देशांसाठी प्रमुख काजू आयातदार देशातील आयात शुल्क

काजू निर्यातीत भारताचे स्पर्धक देश	निर्यातदार देशांसाठी अमेरिकेतील लागू शुल्क	निर्यातदार देशांसाठी संयुक्त अरब अमिरातीतील लागू शुल्क	निर्यातदार देशांसाठी नेदरलँड्समधील लागू शुल्क	निर्यातदार देशांसाठी जपानमधील लागू शुल्क	निर्यातदार देशांसाठी सौदी अरेबियातील लागू दर शुल्क
व्हिएतनाम	०%	०%	०%	०%	०%
भारत	०%	०%	०%	०%	५%
आयव्हरी कोस्ट	०%	५%	०%	०%	०%
फिलिपिन्स	०%		०%	०%	०%
बेनिन	०%	१०%	०%	०%	०%
टांझानिया	०%	१०%	०%	०%	०%
गिनी बिसाऊ	०%	१०%	०%	०%	०%
माली	०%	१०%	०%	०%	०%
इंडोनेशिया	०%	१०%	०%	०%	०%
ब्राझील	०%		०%	०%	--
मोझांबिक	०%		०%	०%	--

स्रोत : डब्ल्यूटीओ आणि लेखकाने मांडलेली आकडेवारी

आव्हाने आणि सूचना

देशांतर्गत काजू उत्पादनाची कमतरता, प्रक्रिया कारखान्यांच्या वाढत्या मागणीमुळे कच्च्या काजूच्या आयातीला पर्याय नाही. महाराष्ट्र, केरळ, तामिळनाडूसारखी काही राज्ये लागवडीखालील क्षेत्र, उत्पादकता आणि एकूण उत्पादनाच्या बाबतीत चांगली कामगिरी करत आहेत, मात्र काजूसाठी पोषक हवामान असूनदेखील तेलंगणा, कर्नाटक, गुजरात, पूर्वोत्तर राज्ये त्यांची क्षमता पूर्णपणे वापरत नाहीत.

भारतात कच्च्या काजूची बाजारपेठ तितकीशी नियोजनबद्ध नाही. शेतकऱ्यांना त्यांच्या मालासाठी योग्य भाव मिळत नाही. दलालांकडून त्यांची वजन आणि भावाच्या बाबतीत फसवणूक होते. तसेच कच्चा माल थेट शेतकऱ्यांकडून घेतला जात नाही. आंतरराष्ट्रीय काजूबोंडांची बाजारपेठ चैतन्यमय आहे. शेतकरी आणि छोटे प्रक्रियाकर्ते कच्च्या काजू आणि काजूबोंडांची किंमत तसेच बाजारपेठेचा कल याबाबत अंदाज बांधू शकत नाहीत. महागड्या दरांमुळे ग्राहकांचा प्राधान्यक्रम अन्य सुक्या मेव्याकडे वळतो. वेष्टन आणि किमान अवशिष्ट पातळी ही भारतीय काजू निर्यातीसमोरची मोठी आव्हाने आहेत.

या आव्हानांचा विचार करता काजूचे उत्पादन आणि उत्पादकता वाढवण्यासाठी त्याच्या व्यावसायिक लागवडीला प्रोत्साहन देता येऊ शकेल. आंतरराष्ट्रीय बाजारपेठेतील बदलांशी जुळवून घेता येण्यासाठी बाजारपेठेशी संबंधित बुद्धिमत्तेमध्ये आणखी सुधारणा करण्याची गरज आहे. प्रत्येक जिल्ह्याच्या पातळीवर उचित सर्वेक्षण आणि विश्लेषणानंतर काजू उत्पादने आणि प्रक्रिया क्लस्टरमध्ये वाढ करायला हवी. प्रत्येक जिल्हा पातळीवर काजू निर्यात क्लस्टरची निर्मिती केल्यास निर्यातीसंबंधीची आव्हाने ओळखून निर्यातीला प्रोत्साहन देणे शक्य होईल.

देशांतर्गत बाजारपेठेवर परिणाम

थोडक्यात, भारत सरकारने गुणवत्ता मानके आणि वैशिष्ट्ये, उत्तम कृषी पद्धतींचा अवलंब, उत्पादनांच्या वेष्टनात सुधारणा, शेतमालाचे एफएसएसएआयच्या मानकांनुसार परिवर्तन, बागांच्या पुनरुज्जीवनासाठी हस्तक्षेप, जुन्या निरुपयोगी झाडांच्या जागी नवी झाडे लावणे, आंतरपीक यांना प्रोत्साहन द्यायला हवे. तसेच आंतरराष्ट्रीय बाजारपेठेत पत स्थापित करण्यासाठी मूल्यवर्धित उत्पादनांची निर्यात, सर्व निर्यातक्षम उत्पादनांचा मागोवा घेण्यासाठीची प्रणाली याला प्रोत्साहन द्यायला हवे. काजूबोंड आणि त्याच्या सहउत्पादनांच्या निर्यातीतील वाढीचा देशांतर्गत बाजारपेठेतील दरांवरही सकारात्मक परिणाम होईल.

REFERENCES

1. Dr. Patil P. J. (2012), 'Problems and Prospects of Cashew nut Industry of Kolhapur District,' Shivaji University, Kolhapur. 'Indian Cashew Exports Competitiveness, 69.'
2. Export Promotion Council (2005), 'The Market for Cashew nut in India,' Ghana Export Promotion Council, http://www.gepcghana.com.

3. K. V. Praveen, (2004), 'Consumer Perspective on Cashew Procurement,' Indian Cashew Convention, 2004, Radisson White Sands Resorts Goa.

4. K C John (2002), 'Cashew : Cashing in on Exports, Economic and Political Weekly.'

5. J. Steven, (1994), 'Private Trader Response to Market Liberalizations in Tanzania's Cashew Nut Industry,' World Bank, Agricultural and Natural Resources Department Agricultural Policies Division.

6. Sijaona M.E.R. (2002), 'Assessment of the Situation and Development Prospects for the Cashew nut Sector' Director Agricultural Research Institute (ARI), Naliendele Mtwara, United Republic of Tanzaniya.

7. Navamy Sudhish, 2020, 'Cashew sector in the throes of another setback,' The Hindu.

8. S. Muthu Kumar, V. Ponnuswami, K. Padmadevi, Cashew Industry in India, ISHS Acta Horticulture 1080 : 'International Symposium on Cashew Nut.

9. UNIDO CDP, New Delhi (2003), 'The Cashew and Fruit Processing Cluster,' Sindudurg District Maharashtra.

10. Yadav Shalini (2010), 'Economic of Cashew India,' National Bank for Agriculture and Rural Development, Mumbai (NABARD).

●●●

५. उत्पादन वाढीसाठी प्रादेशिक महामंडळ

भारत हा काजू अर्थव्यवस्थेत जागतिक पातळीवर आघाडीवर असला तरी त्याची या व्यवसायावरील पकड हळूहळू, पण निश्चितपणे कमी होत आहे. त्याचे प्रमुख कारण म्हणजे भारतातील कमी होत चाललेले काजू उत्पादन आणि उत्पादकता हेच आहे. भारतीय काजूप्रक्रिया कारखाने प्रामुख्याने आफ्रिकी देश आणि व्हिएतनाममधून आयात केल्या जाणाऱ्या काजूवर अवलंबून आहेत. प्रक्रियेसाठी आयात काजूवरील हे अवलंबित्व एकूणच काजू व्यवसायावर परिणाम करते. काजू उत्पादनाच्या क्षेत्रामध्ये भारताने स्वयंपूर्ण बनण्याची गरज आहे. काजू आणि कोकोआ विकास महामंडळ हे सर्वोच्च बोर्ड काजूचे उत्पादन आणि उत्पादकतेत वाढ करण्यासाठी कार्यरत आहेत.

काजू विकास महामंडळाचे नियम

काजू आणि कोकोआ विकास महामंडळाने व्यापारवृद्धीसाठी काही नियम बनविले आहेत.

- काजू आणि कोकोआसाठी विकास कार्यक्रमांची निर्मिती आणि अंमलबजावणी.
- काजू आणि कोकोआची पोषक क्षेत्रांमध्ये नव्याने लागवड आणि पुनर्लागवड यासाठी प्रोत्साहन देणे.
- काजू आणि कोकोआ यांच्या प्रसारासाठी कृषी व शेतकरी कल्याण मंत्रालयाद्वारे केंद्रीय आणि राज्यस्तरीय संस्थांच्या कार्यक्रमांमध्ये समन्वय साधणे.
- राष्ट्रीय हॉर्टिकल्चर मिशन (एनएचएम) अंतर्गत काजू आणि कोकोआ विकास कार्यक्रमांचे संनियंत्रण करणे.
- पीक विकास, विपणन आणि सहउत्पादनाच्या

वापरासंदर्भात शिफारस, निरीक्षण आणि संनियंत्रणासाठीची सल्लागार संस्था म्हणून काम करणे.

- पीक क्षेत्र, उत्पादन, दराचा कल, विपणन आणि व्यापारातील कामगिरी याबाबतची माहिती (डाटा बँक) एकत्रित करणे.
- शेतकऱ्यांपर्यंत तंत्रज्ञानाविषयीची माहिती पोचविण्यासाठी प्रचाराची व्यापक साधने व पद्धतींचा अवलंब करणे.
- शेतकरी, उद्योजकांना लागवड आणि प्रक्रियेच्या विविध अंगांविषयी तांत्रिक सल्ला पुरविणे.
- उत्तम प्रयत्न करूनही संसाधनांच्या कमतरतेमुळे मंडळाला भारतातील प्रत्येक शेतकऱ्यापर्यंत पोचविण्यात अपेक्षित यश आलेले नाही. सर्वोच्च महामंडळ आणि काजू उत्पादक शेतकरी यांच्यातील दुराव्यामुळे विविध योजना, कार्यक्रम आणि प्रशिक्षण कार्यक्रम सर्व शेतकऱ्यांपर्यंत पोचत नाहीत. काजू विकास महामंडळाच्या विकास आणि कल्याणकारी धोरणाची पोहोच सामान्य शेतकऱ्यांपर्यंत पोहोचण्यासाठी व त्याची अंमलबजावणी होण्यासाठी अनेक राज्यांमध्ये प्रादेशिक काजू मंडळांची स्थापना करून योग्य ती रचना उभारण्याची गरज आहे. अशा प्रादेशिक मंडळांच्या माध्यमातून दुर्गम भागातील काजू उत्पादक शेतकऱ्यांपर्यंत सर्वोच्च महामंडळ पोहोचू शकेल.

महाराष्ट्र हा देशातील आघाडीचा काजू उत्पादक, प्रक्रिया करणारा आणि निर्यातदार आहे, मात्र तरीही धोरणात्मक दृष्टीच्या अभावामुळे राज्याने काजू उत्पादनाच्या बाबतीत आपली पूर्ण क्षमता अद्याप गाठलेली दिसत नाही. काजू उत्पादन, प्रक्रिया आणि निर्यातीच्या बाबतीत महाराष्ट्राकडे प्रचंड क्षमता आहे. त्यामुळे महाराष्ट्रात प्रादेशिक काजू महामंडळाची आवश्यकता आहे. भारताला काजू व्यवसायात स्वयंपूर्ण बनविण्यात महाराष्ट्राला व्यापक कामगिरी करावी लागेल.

चंदगड प्रादेशिक मंडळाची स्थापना

महाराष्ट्रात कोल्हापूर जिल्ह्यातील चंदगड येथे प्रादेशिक काजू मंडळाची स्थापना करता येऊ शकते. महाराष्ट्र, गोवा आणि कर्नाटकातल्या बेळगाव, कारवार, खानापूर, दांडेली, गोवा, सिंधुदुर्ग, रत्नागिरी, रायगड, ठाणे आणि कोल्हापूरसारख्या काजू उत्पादक प्रदेशांच्या मध्यवर्ती ठिकाणी चंदगड हा तालुका स्थित आहे. येथील विशेष कृषी-हवामान स्थितीमुळे चंदगडमध्ये जगातल्या सर्वोत्तम काजूचे उत्पादन होते. हे गाव रस्ते, हवाईमार्ग आणि रेल्वेमार्गनि राज्यातल्या इतर शहरांशी जोडलेले आहे. या आणि आसपासच्या भागात सुमारे ३५० काजूप्रक्रिया कारखाने कार्यरत असल्यामुळे हे स्थान काजूबोंड उद्योगाचे मोठे केंद्र आहे. जागतिक काजू व्यवसायात भारताचे अग्रगण्य स्थान आणखी मजबूत करण्यासाठी हे मंडळ उपयुक्त ठरू शकेल.

इतर काजू उत्पादक राज्यांमध्येही अशाच प्रकारे प्रादेशिक काजू मंडळ स्थापन करता येतील. काजूचे उत्पादन वाढविण्यासाठी काजू विकास महामंडळाला त्याच्या कार्यक्रमांचा विस्तार करावा लागेल. लाखो भारतीयांना काजू उद्योगातून रोजगार मिळत आहे. म्हणूनच या व्यवसायात देश स्वयंपूर्ण बनणे गरजेचे आहे. देशातील काजू उत्पादन आणि उत्पादकता वाढविण्यासाठी खुल्या प्रादेशिक धोरणासह मंडळाने विशेष प्रयत्न करण्याची आवश्यकता आहे.

REFERENCES

1   Dr. Patil P.J. (2012), Problems and Prospects of Cashew nut Industry of Kolhapur District,' Shivaji University, Kolhapur.

2. Export Promotion Council (2005), 'The Market for Cashew nut in India', Ghana Export Promotion Council, http://www.gepcghana.com.

3. K.V. Praveen (2004), 'Consumer Perspective on Cashew Procurement, Indian Cashew Exports Competitivenes,' 73 Indian Cashew Convention 2004, Raddission White Sands Ressorts Goa.

4. K C John (2002), 'Cashew : Cashing in on Exports, Economic and Political Weekly.'

5. J. Steven., (1994), 'Private Trader Response to Market Liberalizations in Tanzania's Cashew Nut Industry,' World Bank, Agricultural and Natural Resources Department Agricultural Policies Division.

6. Sijaona M.E.R (2002) 'Assessment of the Situation and Development Prospects for the Cashew nut Sector', Director Agricultural Research Institute (ARI) Naliendele Mtwara, United Republic of Tanzaniya.

7. S. Muthu Kumar, V. Ponnuswami, K. Padmadevi, 'Cashew Industry in India, ISHS Acta Horticulture 1080 : International Symposium on Cashew Nut.'

8. UNIDO CDP, New Delhi (2003), 'The Cashew and Fruit Processing Cluster Sindudurg District Maharashtra'.

9. Yadav Shalini (2010), 'Economic of Cashew India,' National Bank for Agriculture and Rural Development, Mumbai (NABARD).

६. भारतीय काजू उद्योग : आव्हाने आणि संधी

काजू व्यवसायात भारत अग्रेसर असल्याने या व्यवसायासाठी लागणारी प्रचंड क्षमता येथे आहे. मात्र, तरीही भारतीय काजू उद्योगासमोर अनेक आव्हानेही आहेत. या आव्हानांची यादी करताना या व्यवसायांतर्गत घटकांची स्थूल आणि सूक्ष्म पातळीवर विश्लेषण करण्याची आवश्यकता आहे. अर्थात, हेही आव्हानात्मकच आहे. आजही भारत त्यातील विविध प्रकारच्या आव्हानांना तोंड देत आहे. या समस्यांची यादी करणे हेदेखील एक आव्हान आहे; कारण त्यासाठी विविध घटकांचे सूक्ष्म आणि स्थूल स्वरूपात विश्लेषण करावे लागेल. कोणत्याही आव्हानांचे अचूक विश्लेषण करणे शक्य झाल्यास त्यावरील उपाययोजना तुलनेने सोप्या होऊ शकतात.

भारतीय काजू उद्योगात भरघोस वाढ दिसत असली तरी काही राज्यांमध्ये उत्पादित केल्या जाणाऱ्या कमी दर्जाच्या काजूमुळे एकूणच काजू उद्योगावर विपरीत परिणाम होत आहे. त्यासाठी या राज्यातील पारंपरिक काजू लागवड पद्धती, मशागतीची चुकीची तंत्रे, काजूबोंड सुकविण्यासाठी कारखान्यात अयोग्य पद्धतींचा वापर आणि सुकवलेल्या काजूबोंडांची साठवणूक करण्यासाठी अपुरी साठवण व्यवस्था, ही त्यामागची महत्त्वाची कारणे आहेत. उत्पादन तसेच निर्यातीमध्ये भविष्यात वाढीचा उच्च वेग गाठण्यासाठी प्रोत्साहन आणि प्रेरणा देण्याची आवश्यकता आहे.

काजूबोंड उद्योगासमोरील आव्हाने

भारतीय काजूबोंड उद्योगासमोर अनेक आव्हाने आहेत. यांपैकी हवामानातील बदल, कीडरोगांचा परिणाम ही मुख्य नैसर्गिक कारणे असले तरी, कच्च्या मालाचा अपुरा पुरवठा, त्याचा तुटवडा, कच्च्या मालाची गुणवत्ता, कच्च्या काजूची असंघटित बाजारपेठ, किमान आधारभूत किंमत याशिवाय बँकांकडून होणारा अपुरा कर्जपुरवठा आणि वाहतुकीचा खर्च यांचाही समावेश यामध्ये होतो. शासकीय योजनांविषयीचे अज्ञान आणि आफ्रिकी देशांकडून असणारी स्पर्धा हे यावर परिणाम करणारे आणखी काही घटक आहेत.

१. कच्च्या मालाचा अपुरा पुरवठा

काजूप्रक्रिया उद्योगासाठी कच्चा माल (काजूबोंड) लागतो, मात्र हा पुरवठा थेट काजू उत्पादकांकडून केला जात नसल्यामुळे कच्च्या काजूबोंडांच्या पुरवठादारांची एक मोठीच्या मोठी साखळी त्यासाठी कार्यरत असते. मध्यस्थांसारख्या अनेक घटकांनी त्यात शिरकाव केल्यामुळे त्यांचे कमिशन वाढत जाते. या कमिशन रकमेमध्ये काजू उत्पादकांसोबतच उद्योजकांच्याही नफ्याचा मोठा हिस्सा असतो.

२. कच्च्या मालाचा तुटवडा

भारतीय काजू अर्थव्यवस्थेसमोर प्रक्रिया करण्यासाठी पुरेसा कच्चा माल उपलब्ध होत नसल्याचे मोठे आव्हान आहे. देशातील काजू उत्पादनप्रक्रिया कारखान्यांच्या कच्च्या मालाची गरज भागविण्यासाठी पुरेसे नाही. हा कच्चा माल एका विशिष्ट हंगामातच म्हणजे एप्रिल आणि मे महिन्यातच उपलब्ध असतो. वर्षाच्या उरलेल्या दहा महिन्यांत हा कच्चा माल उपलब्ध नसतो. हा भाकड काळ मोठा असून, त्याचा प्रक्रिया कार्यावर विपरीत परिणाम होतो.

३. कच्च्या मालाची आयात

हंगामी उत्पादनामुळे पुरेसा कच्चा माल प्रक्रियेसाठी उपलब्ध होत नाही. या कारणास्तव काजूप्रक्रिया कारखान्यांना कच्चा माल, विशेषतः आफ्रिकन देशांतून मोठ्या प्रमाणात आयात करावा लागतो. कच्ची काजूबोंडे आयात न केल्यास त्यांचे प्रक्रियेचे कामच थांबण्याचा धोका आहे. कच्च्या मालासाठी अन्य देशांवर असलेल्या अवलंबित्वामुळे अर्थव्यवस्थेचा समतोल ढासळत आहे.

४. कच्च्या मालाची साठवणूक

काजूबोंड हे हंगामी उत्पादन असल्यामुळे या कच्च्या मालाची साठवणूक करणे अपरिहार्य बनते. यामुळे साठवणुकीचा खर्चही वाढतो आणि खेळते भांडवल कच्च्या मालापोटी मोठ्या काळापर्यंत अडकून पडते. साठवणीसाठी योग्य पद्धतींचा अवलंब न केल्यामुळे कच्च्या मालाचे नुकसान होऊन त्यांच्या दर्जावरही विपरीत परिणाम होतो.

५. छोटे आणि अल्पभूधारक शेतकरी

सामान्यतः काजू उत्पादक शेतकऱ्यांकडे छोट्या आणि अल्प शेतजमिनी असतात. त्यांच्याकडे खूपच कमी जमीन उपलब्ध असते. त्यामुळे काजूलागवडीमध्ये व्यावसायिक पद्धतींचा अवलंब करण्यावर मर्यादा येतात. त्याचा त्यांच्या उत्पादनावर विपरीत परिणाम होतो.

६. कीडरोगांचा परिणाम

ढेकण्या, खोड व मूळ पोखरणारी अळी, मररोग, मोहोरावरील करपा अशा काजूच्या झाडांवर येणाऱ्या विविध कीडरोगांमुळे काजू उत्पादनावर गंभीर परिणाम होतो.

७. कच्च्या काजूची असंघटित बाजारपेठ

अनेक राज्यांमध्ये गावातील स्थानिक आठवडे बाजारात कच्च्या काजूचा व्यापार होतो, त्यामुळे व्यापारी आणि शेतकरी यांच्यातल्या व्यवहारावर कोणतेही नियंत्रण नसते. हे व्यापारी प्रक्रिया करणारे कारखाने आणि शेतकरी यांच्यातले मध्यस्थ असतात. त्यातील बहुतांश व्यापारी शेतकऱ्यांकडून अत्यंत कमी दराने काजू विकत घेतात. कच्च्या काजूच्या वजनातही शेतकऱ्यांना फसवले जाते.

८. कच्च्या मालाची गुणवत्ता

अंतिम उत्पादनाची गुणवत्ता कच्च्या मालाच्या गुणवत्तेवर अवलंबून असते. आकडेवारीतून बाजारात येणारा २५ ते ३० टक्के काजू हा कनिष्ठ दर्जाचा असल्याचे स्पष्ट होते. प्रक्रिया कारखान्यांना सातत्याने चांगल्या दर्जाचा कच्चा काजू विकत घ्यायचा असला तरी तो प्रत्येक वेळी उपलब्ध होईलच असे नाही.

९. किमान आधारभूत किंमत

कच्चा काजू आणि काजूबोंडांची बाजारातील किंमत स्थिर नसते. कधी त्याला खूप चांगला दर मिळतो तर कधी एकदम कमी दर मिळतो. किमान आधारभूत किमतीच्या अभावामुळे गरीब काजू उत्पादक शेतकऱ्यांना अनेक वेळा तोटा सहन करावा लागतो त्यामुळे त्यांच्या समस्यांमध्ये वाढ होते.

१०. अपुरे पुरवठा साखळी व्यवस्थापन

दक्षिण आशियातील सध्याचे काजू पुरवठा साखळी व्यवस्थापन हे तितकेसे प्रभावी नाही. विक्री व्यवस्थेत कार्यरत असलेल्या मध्यस्थांना मिळणाऱ्या मोठ्या कमिशनमुळे एकूणच काजू उत्पादनांच्या दरातील स्पर्धात्मकता कमी होते. या समस्या ओळखून त्या सोडवण्यासाठी प्रयत्न करणे हे दक्षिण आशियातील काजू अर्थव्यवस्था अधिक स्पर्धात्मक होण्याच्या दिशेने टाकलेले पाऊल ठरेल.

११. काजूच्या झाडांना असणार धोका

काजूबोंडांपासून काजूची उपलब्धता त्वरित होत असल्यामुळे चोरी होण्याचा कायम धोका असतो. काजूच्या बागा या सामान्यतः कोणत्याही कुंपणाशिवाय व संरक्षणाशिवाय असल्यामुळे विशेषतः रात्रीच्या वेळी काजूची चोरी होण्याचा धोका जास्त असतो. या शक्यतेमुळेच अनेक वेळा पूर्ण पक्वतेआधीच काजूची काढणी शेतकऱ्यांना करावी लागते.

त्याचप्रमाणे काजूच्या बागा डोंगराळ भागात आणि जंगलांशी जोडलेल्या असतात. बाजूच्या जंगलातून येणाऱ्या वणव्यांमुळे बागा आगीच्या भक्ष्यस्थानी पडण्याचा कायम धोका असतो. सुगीच्या काळात शेतकरी काजूच्या झाडाभोवतीचा पालापाचोळा गोळा करून तो जाळून टाकतात. या प्रक्रियेतही आजूबाजूच्या काजूच्या झाडांना आग लागण्याची शक्यता असते. काजू झाडांना आग लागल्यास त्याचा मोठा फटका शेतकऱ्यांना बसतो, कारण पुढील दोन वर्षांपर्यंत त्या झाडांना फळे लागत नाहीत.

१२. शासकीय योजनांविषयीचे अज्ञान

काजू उत्पादक शेतकऱ्यांसाठी अनेक योजना उपलब्ध असल्या तरी त्या शेतकऱ्यांपर्यंत पोचत नाहीत. या योजनांविषयी माहिती नसल्यामुळे त्यांना त्याचा लाभ घेता येत नाही. या योजनांचा लाभ घेण्यासाठी अनेक अधिकृत कागदपत्रांची आवश्यकता भासते. तसेच ही प्रक्रियाही दीर्घ चालणारी असते.

१३. हवामानविषयक स्थिती

काजू हे पर्यावरणीयदृष्ट्या प्रतिरोधक (resistant म्हणजेच नैसर्गिकदृष्ट्या मर्यादित वातावरणात वाढणारे पीक) असलेले पीक असून नैसर्गिकदृष्ट्या मर्यादित अशा हवामानातच वाढते.

भारतातही काजू उत्पादन करणारी महाराष्ट्र, कर्नाटक, तामिळनाडू, केरळ, पश्चिम बंगाल, ओडिशा, गुजरात आणि पूर्वेकडील काही राज्ये येथेच काजूचे उत्पादन होते. या मर्यादेमुळे भारतातील अन्य राज्यांमध्ये काजूचे अधिक उत्पादन घेण्यावर मर्यादा आहेत.

१४. बँकांकडून अपुरा कर्जपुरवठा

कोणत्याही व्यवसायासाठी भांडवलाची उपलब्धता करण्यामध्ये बँका महत्त्वाची भूमिका निभावतात. मात्र काजूप्रक्रिया कारखान्यांना बँकांकडून पुरेसा कर्जपुरवठा मिळवण्यात अडचणी येत असल्याचे आढळले आहे. विशेषतः छोट्या काजूप्रक्रिया कारखान्यांना कर्ज देण्यास बँका तयार नसतात, तसेच त्या जेवढे कर्ज मंजूर करतात, ते पुरेसे नसते.

१५. भांडवलाची कमतरता

काजूप्रक्रिया कारखाने आजारी असण्याच्या प्रमुख कारणांमध्ये भांडवलाची, विशेषतः खेळत्या भांडवलाची कमतरता हे एक कारण आहे. प्राथमिक अवस्थेत तर काजूप्रक्रिया कारखान्यांना मोठ्या प्रमाणात भांडवलाची, विशेषतः खेळत्या भांडवलाची गरज असते. कारण त्यांना कच्चा माल अधिक काळासाठी साठवून ठेवावा लागल्यामुळे त्यांच्या स्थिर भांडवल व मालमत्तेच्या तुलनेत त्यांना लागणाऱ्या खेळत्या भांडवलाचे प्रमाण अधिक असते. इतके खेळते भांडवल पुरवण्यास बँका उत्सुक नसतात.

अशा रीतीने भांडवलाच्या कमतरतेचा भारतीय काजू उद्योगावर नकारात्मक परिणाम होतो.

१६. वित्तीय नोंदी

भारतीय काजूप्रक्रिया उद्योग हा प्रामुख्याने घरगुती पातळीवर केला जातो. त्यात वित्तीय व्यवस्थापन प्रक्रियेचा अवलंब केला जात नाही. त्यातील बहुतांश कारखान्यांमध्ये मूलभूत वित्तीय नोंदीच ठेवल्या जात नाहीत. परिणामी, त्यांच्या आर्थिक कामगिरीचे विश्लेषण करणेही त्यांना शक्य होत नाही. त्यांच्याकडे वित्तीय नोंदी नसल्यामुळे बँकाही त्यांना कर्जपुरवठा करण्यास उत्सुक नसतात.

१७. अयोग्य वित्तीय व्यवस्थापन

काजूप्रक्रिया उद्योगात विशेषकरून छोट्या कारखान्यांमध्ये सुयोग्य वित्तीय व्यवस्थापन पद्धतींचा अवलंब केला जात नाही. त्यांना उपलब्ध होणारे अनुदान आणि साहाय्याचाही ते गैरवापर करतात. व्यवसायासाठीच्या निधीचे व्यवस्थापन करण्यासाठी योग्य वित्तीय नियोजनही केले जात नाही.

१८. अपुऱ्या पायाभूत सोयीसुविधा

काजूबोंड प्रक्रिया कारखाने मुख्यत्वे ग्रामीण भागात स्थित असून, येथे अनेक पायाभूत सोयीसुविधांचा अभाव आहे. उदा. रस्ते, वाहतूक सुविधा, वीजपुरवठा, बँकांच्या सेवा

१९. कामगारांची कमतरता

काजूप्रक्रिया कारखान्यांमध्ये ९० टक्के काम हे कुशल, अर्धकुशल आणि अकुशल कामगारांवर अवलंबून असते. अकुशल कामगार उपलब्ध होतात, पण अर्धकुशल आणि कुशल कामगार काही विशिष्ट काळापुरतेच उपलब्ध असतात,

कारण इतर वेळेला ते स्वतःच्या किंवा इतरांच्या शेतात काम करतात.

२०. मागणीतील चढउतार

आंतरराष्ट्रीय बाजारपेठेत काजूच्या मागणीत नेहमी चढउतार सुरू असते. या मागणीचा योग्य अंदाज बांधण्यात निर्यातदारांना खूप अडचणी येतात.

२१. वाढती स्पर्धा

आंतरराष्ट्रीय स्तरावर काजूबोंडांच्या निर्यातीबाबत भारताची अन्य देशांशी स्पर्धा सुरू आहे. दुसरीकडे काजूगराला इतर सुक्या मेव्याकडून स्पर्धेला तोंड द्यावे लागत आहे. काजू निर्यातीच्या बाबतीत विचार करता विशेष करून आफ्रिकी देशांना, त्यातही विशेष करून युरोप आणि अमेरिकेच्या जवळ असलेल्या देशांना अंगभूत फायदा मिळतो आहे.

२२. ग्राहकांचे पारंपरिक आकलन

काजू हे श्रीमंत माणसांचा आहार असून, ते सामान्यांना परवडणार नाही, असे सामान्य ग्राहकांना वाटते. त्यातच काजू खाल्ल्यामुळे मेद वाढतो असा त्यांचा आणखी एक गैरसमज आहे. अशा समजामुळे काजूच्या मागणीवर परिणाम होतो. वास्तविक काजूमध्ये कोलेस्टेरॉल नसल्याचे सिद्ध झाले आहे.

२३ आफ्रिकी देशांकडून स्पर्धा

भारताच्या तुलनेत उत्पादन खर्च कमी असलेल्या ब्राझील, इंडोनेशिया, घाना आणि व्हिएतनाम यांसारख्या देशांकडून काजू व्यवसायासंदर्भात भारताला मोठ्या स्पर्धेचा सामना करावा लागतो. यातील काही देश काजूची मोठी बाजारपेठ असलेल्या अमेरिका आणि युरोपच्या जवळ आहेत. परिणामी, त्यांचा वाहतूक खर्च भारताच्या तुलनेत कमी राहतो. तसेच, या देशांनी स्वतःच काजूप्रक्रिया कारखाने सुरू केल्यामुळे भारताला प्रक्रियेसाठी पुरेसा कच्चा माल मिळविण्यात अडचणी येत आहेत.

२४. वाहतुकीचा खर्च

काजूबोंडांच्या मोठ्या बाजारपेठेपासून म्हणजे अमेरिका आणि युरोपपासून भारताचे भौगोलिक स्थान खूप दूर असल्यामुळे वाहतुकीचा खर्च वाढतो. भारतीय काजू व्यवसायाची स्पर्धात्मकता कमी होते. दुसरीकडे ब्राझीलसारखे देश मोठ्या बाजारपेठेच्या जवळ असल्यामुळे त्यांचा वाहतूक खर्च कमी होण्यास मदत होते.

२५. कमी प्रमाण

भारतीय काजू व्यवसायाचे स्वरूप गृहोद्योगाचे आणि लघुद्योगाचे आहे. भारतातील ५४ टक्क्यांपेक्षा जास्त काजूप्रक्रिया कारखाने घरगुती आणि लघुद्योगाच्या स्वरूपातील असल्यामुळे एकूण प्रमाणाचा विचार करता काजूचे उत्पादन खूप कमी आहे. बाजारातील मोठ्या व्यापाऱ्यांशी स्पर्धा करताना अडचणी निर्माण होतात. कमी प्रमाणातील काजू उत्पादनासह आंतरराष्ट्रीय बाजारपेठेत टिकाव धरणे खूप कठीण आहे.

२६. मार्गदर्शनाचा अभाव

भारतीय काजू व्यवसायामध्ये निर्यातीची प्रचंड क्षमता आहे, मात्र काही मोजकेच प्रक्रिया कारखाने आंतरराष्ट्रीय व्यापारात भाग घेतात. याचे मुख्य कारण म्हणजे मार्गदर्शनाचा अभाव. सर्व काजूप्रक्रिया कारखान्यांना यासंदर्भातील पुरेशी

माहिती नाही. भारताचे 'कॅश्यू प्रमोशन कौन्सिल' अद्याप सर्व काजूप्रक्रिया कारखान्यांपर्यंत पोचलेले नाही.

२७. काजूचे विपणन

काजूची बाजारपेठ कच्चा माल आणि अंतिम उत्पादन या दोन्हीच्या बाबतीत असंघटित आहे. बाजारपेठेत मोठ्या व्यापाऱ्यांची एकाधिकारशाही असल्यामुळे छोट्या आणि नव्या उत्पादकांसाठी या बाजारपेठेत शिरकाव करणे कठीण बनते. उद्योगात छोट्या आणि घरगुती कारखान्यांची संख्या मोठी असल्यामुळे अशा नव्या उत्पादकांना बाजारपेठेत स्थायिक झालेल्या मोठ्या व्यापाऱ्यांसोबत स्पर्धा करणे अत्यंत कठीण जाते. त्याचप्रमाणे काजूच्या बाजारपेठेत सतत चढउतार सुरू असल्यामुळे काजूच्या किमतीचा अंदाज बांधणे खूप कठीण असते.

२८. हवामानातील बदल

काजू हे नैसर्गिकदृष्ट्या विशिष्ट मर्यादित हवामानामध्ये वाढणारे पीक आहे. त्याच्या उत्पादनावर हवामानातील बदलांचा विपरीत परिणाम होतो. उदा. काढणीच्या काळात अतिवृष्टी झाल्यास त्याचा काजूच्या उत्पादनावर विपरीत परिणाम होतो. मोहोराच्या काळातील कमी तापमान आणि सोसाट्याचा वारा अशा हवामानातील बदलाचाही काजूच्या उत्पादनावर परिणाम होतो.

२९. उपउत्पादनांचा कमी वापर

काजूचे अनेक उपयोग आहेत. त्यापासून औद्योगिक पातळीवर उपयुक्त अशा उपउत्पादनांची निर्मिती शक्य आहे. उदा. काजूबियांच्या टरफलाचे तेल. याला बाजारात प्रचंड मागणी आहे. त्याचप्रमाणे काजूफळापासून रस, उच्च दर्जाची वान, काजूफळापासून इथेनॉल, प्लायवूडची निर्मिती अशी अनेक उपउत्पादने मिळतात. मात्र, काजूप्रक्रिया उद्योगात फक्त काजूनिर्मितीवर लक्ष केंद्रित केले जाते, मात्र अन्य महत्त्वाच्या उपउत्पादनांकडे दुर्लक्ष केले जाते, त्यामुळे काजूचे फळ आणि काजूचे टरफल अशा नाशवंत घटकांचा कचरा तयार होतो. या बाबी प्रामुख्याने वाया जातात.

३०. काजूबोंडांचे विपणन

बाजारात काजूगरांना त्वरित मागणी असली तरी त्याची विक्री करणे हे अवघड काम आहे. कार्यक्षम विपणनाच्या नव्या आणि वेगळ्या पद्धतीचा अवलंब करण्याची गरज असून, त्यातूनच आपण उत्पादनासाठी चांगली किंमत मिळवू शकतो. यात लहान प्रक्रिया उद्योजकांना अडचणी येतात. त्यांना नावीन्यपूर्ण विपनन प्रणाली राबवण्यासाठी मोठ्या उद्योगांशी आवश्यक तितकी स्पर्धा करता येत नाही. अशा ग्रामीण भागातील त्यातही डोंगराळ भागातील छोट्या व्यावसायिकांना येणाऱ्या समस्या सोडविण्यासाठी प्रयत्न केले पाहिजेत. विशेषतः त्यांच्या उत्पादित मालाच्या विपणनासाठी ठोस उपाययोजना तयार करणे आणि त्यांचा वापर करणे आवश्यक असेल. त्यातूनच त्यांची प्रगती साधली जाईल.

३१. सहकारी विपणन संस्थांची भूमिका

ग्रामीण विपणन सहकारी संस्थांनी कच्च्या मालासोबतच अंतिम उत्पादनाच्या बाजारपेठेतही सक्रिय भूमिका निभावणे अपेक्षित आहे, मात्र काजूच्या व्यवसायात या संस्थांचा अपेक्षित सहभाग दिसत नाही. सर्वांत खालील स्तरावरील कच्च्या काजूच्या बाजारपेठेवरही उचित

नियंत्रण राखण्यात या संस्था कमी पडतात. विपणनातील सहकारी संस्थांची ही निष्क्रिय भूमिका काजू उत्पादक आणि छोट्या प्रक्रियाकर्त्यांसाठी समस्या निर्माण करते. भारतीय काजू व्यवसायासमोरील या समस्या सोडवण्यासाठी नावीन्यपूर्ण धोरणात्मक मार्गांचा अवलंब करण्याची गरज आहे. काजू व्यवसायाच्या विविध पायऱ्यांवर या समस्या आहेत. काजू व्यवसायाची कार्यप्रणाली आणि त्याचे घटक यानुसार या समस्या भिन्न आहेत.

काजू निर्यातीसाठी मोठी संधी

काजूच्या जागतिक स्तरावरील मागणीचा एकूण आकार आणि मूल्यांच्या संदर्भात वेगाने वाढ होत आहे. काजूची जागतिक मागणी अशीच वेगाने वाढण्याचे भविष्यातील अंदाज आहेत. पाश्चिमात्य बाजारपेठांमध्ये शाश्वत आणि शोधण्यायोग्य पुरवठा साखळीमध्ये मागणी वाढते आहे. काजू उत्पादक राज्यांमध्ये मोठ्या प्रमाणात उत्पादनाबाबत रुची वाढते आहे. भारतीय काजूगराला उत्तम दर्जा, चव आणि आकार यामुळे इतर देशांमध्ये मोठी मागणी आहे.

त्याचा वापर जगभरातल्या अमेरिका, युनायटेड किंगडम, नेदरलँड्स, जपान, ऑस्ट्रेलिया, कॅनडा, जर्मनी, हाँगकाँग, सिंगापूर, न्यूझीलंड, रशिया, चीन अशा साठपेक्षा अधिक देशांत केला जातो. तसेच भारतीय काजू निर्यातीसाठी मध्य आशियाई देशांची मोठी बाजारपेठ उपलब्ध आहे.

भारतीय काजूगर उद्योगाला असलेले भवितव्य नेमके कसे आहे, हे पाहण्यासाठी त्यातून होणारी रोजगार निर्मिती, लागवडीची व निर्यातीची संधी, कारखान्यांची उभारणी या घटकांचा विचार केला आहे.

१. उपजीविकेचा स्रोत

गरीब लोकांसमोर कायम आ वासून उभा असणारा उदरनिर्वाहाचा प्रश्न सोडविण्यासाठी काजू महत्त्वाचा ठरू शकतो. गरिबांना त्यातून उत्पन्न आणि उपजीविकेचा एक स्रोत उपलब्ध होत असतो. त्यातून समाजातील कमकुवत घटकांना रोख पैसे व रोजगार दोन्ही मिळतात. त्यामुळे काजू हे पीक डोंगराळ भागात राहणाऱ्या गरिबांसाठी अत्यंत मोलाचे ठरत आहे.

२. काजू लागवडीसाठी संधी

भारतात काजू उत्पादनासाठी उत्तम हवामान आहे. भारतीय काजू उत्पादकांनी नियोजन आणि व्यवस्थापनामध्ये पुरेसे लक्ष दिल्यास काजू उत्पादनामध्ये निश्चितच वाढ होऊ शकते. तरीही काजू उत्पादन घेण्यायोग्य खूप पडीक जमीन उपलब्ध आहे. आपल्याकडे असलेल्या पोषक हवामान स्थितीचा भारताने काजू उत्पादनासाठी जास्तीतजास्त वापर करून घेतला पाहिजे.

३. काजूप्रक्रिया कारखान्यांसाठी संधी

भारतीय काजू उत्पादनात वाढ होत गेल्यास काजूप्रक्रिया कारखान्यांना आवश्यक पुरेसा कच्चा माल उपलब्ध होऊ शकेल. मनुष्यबळाची उपलब्धता, अल्प भांडवलाची गरज, देशांतर्गत बाजारपेठ आणि भारतीय ब्रँड यामुळे अधिक प्रक्रिया कारखान्यांच्या उभारणीला चालना मिळू शकेल.

४. पडीक जमिनींचा वापर

काजू हे पीक माळरानावर, विशेषकरून डोंगराळ भागात अन्य पिके घेणे शक्य नसलेल्या ठिकाणीही घेता येते. शासन आणि शेतकऱ्यांकडे अशा प्रकारची पडीक जमीन मोठ्या प्रमाणात शिल्लक आहे. अशा ठिकाणी काजू लागवड करणे शक्य आहे.

५. काजूफळाची विक्री

काजूफळापासून काजूगरनिर्मितीच्या प्रक्रियेत विविध उपउत्पादनेही तयार होऊ शकतात. काजूफळ प्रक्रियेसाठी ताज्या काजूफळांची आवश्यकता असल्यामुळे प्रक्रिया करणारे कारखाने काजूफळ थेट काजूच्या बागांमधूनच घेतात. काजू उत्पादक शेतकऱ्यांसाठी काजूबोंडांसोबतच काजूफळांची विक्री हा उत्पन्नाचा पर्यायी स्रोत होऊ शकतो.

६. रोजगारनिर्मिती

काजू उद्योग हा कामगारकेंद्रित उद्योग आहे. काजूप्रक्रिया कारखान्यात ९५ टक्के कामगार या महिला आहेत. म्हणजेच काजूप्रक्रिया कारखान्यांमुळे महिलांना थेट रोजगार उपलब्ध होतो. ज्या भागात काजूगर प्रक्रिया उद्योग विकसित होतानाच रोजगाराच्याही अधिकाधिक संधी स्थानिक लोकांना, विशेषतः गरीब डोंगराळ भागातील महिलांना उपलब्ध होतील.

७. निर्यातीची संधी

काजूला जगभरातून मोठी मागणी असून, निर्यातीला प्रचंड वाव आहे. अगदी स्थानिक काजूप्रक्रिया कारखानेसुद्धा काजूबोंडांची निर्यात करून आंतरराष्ट्रीय व्यापारात सहभागी होऊ शकतात. भारतीय काजूला त्याच्या वैशिष्ट्यांमुळे आंतरराष्ट्रीय बाजारपेठेत मोठी मागणी आहे. निर्यातीच्या या संधीचे पद्धतशीर प्रयत्नांद्वारे सोने करून घेण्याची गरज आहे.

८. पायाभूत सुविधांचा विकास

स्थानिक पातळीवर काजूबोंड उद्योगाच्या विकासामुळे रस्ते, वीजपुरवठा, वाहतूक सुविधा आणि बँकिंग यांसारख्या विविध पायाभूत सुविधांचाही विकास होईल. म्हणूनच स्थानिक काजूप्रक्रिया कारखाने स्थानिक पातळीवरील पायाभूत सुविधांच्या विकासातही महत्त्वाचे योगदान देऊ शकतात.

९. शेतातील प्रक्रिया

छोट्या शेतकऱ्यांमध्येही उद्योजकता रुजवण्याची उत्तम संधी आहे. ते त्यांच्या स्वतःच्या काजूशेतीत वैयक्तिक किंवा सामूहिक पातळीवर छोटासा प्रक्रिया कारखाना सुरू करू शकतात. काजूप्रक्रिया कारखान्यासाठी जास्त भांडवल किंवा फार तांत्रिक ज्ञानाची गरज नसल्यामुळे कारखान्याची उभारणी करून त्यातील उत्पादनांतून मिळणारा फायदा त्याच्यापाशीच राहू शकतो.

१०. जागतिक बाजारपेठेत खुला प्रवेश

जागतिकीकरणाआधी मुक्त व्यापार शक्य नव्हता, मात्र आता जागतिकीकरणाने व्यापारासाठी जागतिक अर्थव्यवस्था मुक्तपणे उपलब्ध केली आहे. जगाच्या पाठीवर कुठेही तुमच्या मालासाठी बाजारपेठ शोधणे शक्य झाले असल्यामुळे मोठ्या, मध्यम, छोट्या आणि घरगुती काजू कारखान्यांसाठी जागतिक बाजारपेठ खुली झाली आहे. जागतिक बाजारपेठेत मुक्त प्रवेश ही काजूबोंड उद्योगासाठी एक संधी आहे, असे इशिगुरो (२००१) मान्य करतात.

११. बाजारपेठेच्या आकारमानात वाढ

जागतिकीकरणाने संपूर्ण जग हे वैश्विक खेडे बनवून टाकले आहे. ग्राहकांची संख्या विस्तारल्यामुळे आपसूकच बाजारपेठेचे आकारमानही वाढले आहे. काजूबोंड उद्योग त्याचे ग्राहक जगभरात विस्तारू शकतो. बाजारपेठेच्या आकारमानातील वाढ ही काजूबोंड उद्योगासाठी एक संधी असल्याचे पीटर मॉर्गन (२००१) यांनीही नमूद केले आहे.

१२. अधिक परकीय चलन

काजू व्यवसायाच्या जागतिक पातळीवरील विस्तारामुळे स्थानिक सरकारला अधिक परकीय चलन मिळेल. यातून भारत सरकारला मोठ्या प्रमाणात लाभ होऊ शकतो. सध्या काजू निर्यातीतून दरवर्षी सरकारला २००० कोटी रुपये इतके परकीय चलन मिळते.

१३. थेट परदेशी गुंतवणूक

आर्थिक विकासाच्या संभाव्य क्षमतेमुळे गुंतवणूकदार भारतात गुंतवणूक करण्यासाठी इच्छुक असतात. भारत हा काजू व्यवसायात जागतिक अग्रणी असल्यामुळे अशा प्रकारच्या प्रचंड क्षमता असलेल्या उद्योगासाठी थेट परदेशी गुंतवणूक भारतात येऊ शकते. त्याचा भारतीय काजूबोंड उद्योगासाठी मोठा फायदा होऊ शकतो.

१४. सहउत्पादनांसाठी बाजारपेठ

काजूच्या सहउत्पादनांसाठी मोठी संभाव्य संधी आहे. याआधी फक्त काजूबोंडांसाठी चांगली बाजारपेठ उपलब्ध होती. जागतिकीकरणाच्या संदर्भात, काजूच्या टरफलाचे तेल, काजूफळांवर प्रक्रियेद्वारे निर्मित उत्पादने अशा काजूच्या सहउत्पादनांसाठीची बाजारपेठही वाढली. सहउत्पादनांसाठी बाजारपेठेच्या उपलब्धतेमुळे भारतीय काजू उद्योगाची क्षमता वाढली आहे. बालसुब्रमण्यम आणि अन्य (२००२) यांनीही त्यांच्या अभ्यासात याविषयी चर्चा केली आहे.

१५. पूरक उद्योगांची निर्मिती

काजूची वान, काजूफळांवर प्रक्रिया करून बनवलेला रस, लोणचे, काजूवडी आणि काजूच्या टरफलाचे तेल (सीएनएसएल), इथेनॉल, प्लायवूड अशा काजूच्या सहउत्पादनांना चांगली मागणी आहे. म्हणूनच विविध सहउत्पादक निर्मिती कारखाने उभारता येऊ शकतात. उदा. काजू वान, काजूफळ, काजूच्या टरफलापासून गाळलेले तेल, इथेनॉल आणि प्लायवूड निर्मिती कारखाने.

१६. शेतकऱ्यांचे जीवनमान

काजू उद्योगाच्या विकासामध्ये जागतिकीकरण वेगवेगळ्या प्रकारे सहायक ठरत आहे. काजूची लागवड मुख्यतः गरीब शेतकरी करतात. ते त्या शेतकऱ्यांसाठी उपजीविकेचे साधन आहे. आता शेतकऱ्यांना त्यांच्या उत्पादनाचा चांगला परतावा मिळत असल्यामुळे त्यांचे जीवनमान उंचावण्यासाठी त्याची मदत होत आहे. शेतकऱ्यांचे जीवनमान काजूबोंड उद्योगाच्या विकासातून उंचावू शकेल, असे चव्हाण (२००९) यांनी नमूद केले आहे.

१७. युरोप आणि अमेरिकी बाजारपेठेची उपलब्धता

युरोप आणि अमेरिकेत काजूला, विशेष करून भारतीय काजूला मोठी मागणी आहे. गेल्या अनेक वर्षांपासून भारत हा अमेरिका आणि युरोपचा काजूगरांचा पुरवठादार आहे. भारतीय काजूने युरोपियन आणि अमेरिकी बाजारपेठेत स्वतःची मुद्रा उमटवली आहे. याचा भारतीय काजूबोंड उद्योगाला दूरगामी फायदा होईल.

१८. भारतीय काजू ब्रँड

भारत हा संपूर्ण जगात त्याच्या काजूबोंडाची वैशिष्ट्यपूर्ण चव आणि विविध सहउत्पादने यासाठी ओळखला जातो. भारतीय काजूची चव अत्यंत स्वादिष्ट असून, जागतिक पातळीवरील अन्य प्रदेशांमध्ये ती चव मिळत नाही. या वैशिष्ट्यपूर्ण चवीमुळेच भारतीय काजूला जागतिक

बाजारपेठेत मागणी निर्माण होते. भारतीय काजूचे प्रस्थापित ब्रॅंड नाव, जागतिक स्पर्धेच्या संदर्भातही संपूर्ण भारतीय काजूप्रक्रिया उद्योगाला साहाय्यभूत ठरते.

१९. शासकीय आधार

भारत सरकार काजूबोंड उद्योगाच्या विकासासाठी पुढाकार घेत आहे, त्यासाठी काजू लागवड, काजू कारखान्यांची उभारणी, व्यापार, संशोधन आणि विकासाचे उपक्रम आणि अनुदान इ. प्रोत्साहन दिले जात आहे. स्वातंत्र्य मिळाल्यापासून अशी पावले उचलली जात आहेत. त्यात कॅश्यू प्रमोशनल कौन्सिल ऑफ इंडिया, कोकोआ अँड कॅश्यू डेव्हलपमेंट, नॅशनल रीसर्च सेंटर फॉर कॅश्यू, पुत्तुर आणि अशा अनेक संस्था उभारल्या आहेत. या संस्था काजूच्या लागवडीपासून त्याच्या निर्यातीपर्यंत नियोजनबद्ध प्रयत्न करत आहेत. शेतकरी आणि प्रक्रियाकर्त्यांसाठी अनुदान, सवलत आणि प्रशिक्षण उपलब्ध आहे. शासकीय पातळीवरून मिळणारा पाठिंबा भारतीय काजूबोंड उद्योगाचे भवितव्य विकसित करत आहे.

२०. सेंद्रिय काजू शेतीसाठीची संधी

आज जग शाश्वत विकासाच्या दिशेने वाटचाल करत आहे. त्यात सेंद्रिय शेती हा एक महत्त्वाचा घटक ठरत आहे. भारतात परंपरेने चालत आलेल्या काजू लागवड पद्धती या सेंद्रिय शेतीच्या खूप जवळ जाणाऱ्या आहेत. थोडक्यात, भारत काजूचे जवळपास नैसर्गिक उत्पादन घेतो, म्हणजेच थोडेसे शास्त्रीय पातळीवर प्रयत्न केल्यास संपूर्ण प्रदेशात सेंद्रिय काजू उत्पादनासाठी प्रचंड संधी आहे. ही बाब अन्य पिकांसाठी मार्गदर्शक ठरू शकेल. त्यातून जागतिक सेंद्रिय काजू उत्पादनात भारत अग्रस्थानी राहू शकतो. सेंद्रिय काजू शेती हा काजूबोंडांच्या आंतरराष्ट्रीय व्यापारासाठी एक महत्त्वाची पायरी ठरू शकेल.

२१. उपउत्पादन कारखान्यांसाठी संधी

काजूबोंड उद्योगातून अनेक उपउत्पादने मिळतात. उदा., काजूच्या टरफलापासून तेलनिर्मिती, काजूफळप्रक्रिया कारखाना, काजूची वान, काजूफळापासून इथेनॉल, प्लायवूड या सर्व उपउत्पादनांना राष्ट्रीय तसेच आंतरराष्ट्रीय बाजारपेठेत मोठी मागणी आहे. उपउत्पादनांचे कारखानेही आर्थिक विकासात भर घालू शकतील.

२२. गरिबीचे निर्मूलन

जागतिक बँक आणि आंतरराष्ट्रीय नाणेनिधीने काजू उद्योगाचा गरिबी निर्मूलनाचे साधन म्हणून विचार केला आहे. भारत गरिबी निर्मूलनासाठी झटत असल्यामुळे, भारतीय काजूबोंड उद्योगाची वाढ त्यासाठी साहाय्यभूत ठरू शकते. यामुळे सामाजिक आणि आर्थिकदृष्ट्या मागासलेल्या वर्गांना आर्थिक विकासाच्या मुख्य प्रवाहात आणता येईल.

२३. देशांतर्गत बाजारपेठ

भारत स्वतःच काजूची मोठी बाजारपेठ आहे. लोकांच्या उत्पन्नाचा स्तर वाढत असल्यामुळे भारतीय समाजाच्या विविध घटकांकडून काजूची मागणी आणखी वाढते आहे. काजू हा भारताच्या वैविध्यपूर्ण खाद्यातील एक महत्त्वाचा घटक आहे. भारताची वेगाने विकसित होणारी अर्थव्यवस्था काजू उद्योगाला साहाय्यभूत ठरेल.

२४. महिला सक्षमीकरण

भारतीय काजूव्यवसाय महिला सक्षमीकरणालाही मोठ्या प्रमाणात साहाय्य करतो. कारण या

उद्योगातील ९५ टक्के कामगार या गरीब, दुर्गम भागातील आणि डोंगराळ भागातील महिला आहेत. या बहुतांश महिला निरक्षर असूनही काजू उद्योगात कामगार म्हणून साहाय्यभूत ठरतात.

२५. बँकिंगचा व्यवसाय

काजू उद्योगांच्या स्थानिक भागात विकासामुळे विविध घटकांद्वारे होणाऱ्या आर्थिक व्यवहारांना चालना मिळेल. त्याचा अंतिम फायदा बँकांना मिळू शकेल. स्थानिक गावांमध्ये व्यवसायवृद्धी होऊन त्याची बँकांना मदत होईल.

२६. सामाजिक आणि आर्थिक विकास

काजू उद्योग हा समाजाच्या शेवटच्या गरीब स्तराशी संलग्न असून, या स्तरातील विविध घटक या उद्योगावर प्रत्यक्ष किंवा अप्रत्यक्षपणे अवलंबून आहेत. त्यांना या उद्योगातून उपजीविकेच्या संधी उपलब्ध होतात. गरीब काजू शेतकरी, महिला कामगार, घरगुती प्रक्रिया कारखाने, छोटे व्यापारी आणि मध्यस्थ हेदेखील दुर्गम भागात स्थित आहेत. तेही सामाजिक आणि आर्थिक मागासलेल्या वर्गाशी संबंधित असून, सर्वांना काजू उद्योगाच्या विकासामुळे संधी उपलब्ध होतील. त्यांचे जीवनमान उंचावू शकेल. शेतीपासून या उद्योगाच्या पुढे विपणनापर्यंत दोन्ही बाजूने मोठी शृंखला जोडली गेलेली आहे.

त्यातून रोजगाराची मोठी उपलब्धता होते. त्याचा फायदा सर्वसमावेशक शाश्वत विकासासाठी नक्कीच होऊ शकतो.

२७. शाश्वत विकास

भारतीय काजू उद्योग दुर्गम भागातील रोजगाराच्या माध्यमातून शाश्वत विकासात योगदान देऊ शकेल. त्यातून गरीब काजू शेतकरी, तसेच छोट्या आणि घरगुती प्रक्रियाकर्त्यांना उत्पन्न मिळते. ग्रामीण भागातच त्यांच्या उद्योजकतेच्या विकासाला मदत करते. अधिक काजू झाडांची लागवड आणि सेंद्रिय शेती पद्धतीच्या अवलंबामुळे यातून पर्यावरण संरक्षणातही योगदान मिळते. शेतमाल आणि आंतरराष्ट्रीय बाजारपेठेच्या दरम्यान ते शृंखला तयार करते. भारतीय काजू उद्योगामुळे शाश्वत विकासासाठी हे मूलभूत योगदान लाभत आहे.

भारतीय काजूबोंड उद्योग हा निर्यातभिमुख आहे. देशाच्या विविध भागांमध्ये काजूची लागवड आणि काजू कारखान्यांच्या निर्मितीसाठी मोठी संधी उपलब्ध आहे. भारताला त्याच्या काजू व्यवसायासाठी अतिरिक्त लाभ मिळवून देणारे अनेक घटक आहेत. त्यामुळे हा उद्योग विकसित होत असून, त्याची वेगाने वाढ होत आहे. भारतीय काजू व्यवसायाची दूरगामी भरभराट सुनिश्चित करण्यासाठी योग्य पावले उचलण्याची गरज आहे.

REFERENCES

1. Augustin A (2001), 'Utilization of Cashew Apple,' Souvenir of World Cashew Congress 2001 India, Cashew Promotional Council of India.
2. Balasubramanian P. P. and Hubbali H. Venkatesh (2003), 'Organic Production of Cashew,' Directorate of Cocoa and Cashew Development.
3. P.P. and Singh H.P. (2001), 'Cashew Development in India and

Integrated Strategical Approach,' Singh H.P., Balasuramanian P. P., Hubballi Venkatesh N. (ED), 'Indian Cashew Issues and Strategies,' Directorate of Cocoa and Cashew Development.

4. Balasubramanian P.P. and Rema M. (2001), 'Production Forecast and Pricing of Cashew,' Singh H.P., Balasuramanian P.P., Hubballi Venkatesh N (ED), 'Indian Cashew Issues and Strategies,' 'Directorate of Cocoa and Cashew Development.' 5. Balasubramanian P.P. (1996), 'Three Decades of Cashew Development in India-An Introspection,' Souvenir of 7th National Seminar on Cashew Development in India-Enhancement of Production and Productivity. Directorate of Cocoa and Cashew Development.

6. Bauer Bob (2001), 'Role of AFI in Cashew Industry,' Proceeding of World Cashew Congress 2001 India, Cashew Promotional Council of India.

7. Balasubramanian P. P. (2000), 'Cashew Production Scenarios' Proceeding of World Cashew Congress 2001 India, Cashew Promotional Council of India.

8. Chavan S.A. and Gawankar M.S. (2001), 'Prospects of Farm Processing in Cashew,' Souvenir on 7th National Seminar on Cashew Development in India-Enhancement of Production and Productivity. Directorate of Cocoa and Cashew Development.

9. Doshi Nitin B. (2001), 'International Raw Cashew Trade' Proceeding of World Cashew Congress 2001 India, Cashew Promotional Council of India.

10. Donald Mitchell (2004), 'Tanzania's Cashew Sector : Constraints and Challenges in Global Environment' (Africa Region Working Paper Serious No 70.). 11. Dr. Patil Parashram Jakappa (2012), 'Problems and Prospects of Cashewnut Industry of Kolhapur District,' Shivaji University, Kolhapur.

12. Egehus Anders (2001), 'Shipping Company and Cashew Business' Proceeding of World Cashew Congress 2001 India, Cashew Promotional Council of India.

13. Eapen Mridul, Kanji Nazeen, Harilal K.N., Jeyaranjan J and

Swaminathan Padmini (2003), 'Liberalization Gender and Livelihoods : The Cashewnut Case (Working Paper 3), International Institute for Environment and Development. Garman Ray (2001), 'From Telegraph to Internet Exchange the Future of Cashew Trading 'Proceeding of World Cashew Congress 2001 India, Cashew Promotional Council of India.

14. Gebre-Medhin Getachew (2001), 'Activities for Common Fund for 92 Indian Cashew Exports Competitiveness Commodities (CFC),' Proceeding of World Cashew Congress 2001 India, Cashew Promotional Council of India.

15. Guthrie Barry (2001), 'Trends, Prospects, Consumptions Patterns and Problems of the Cashew Industry in Australia and New Zealand' Proceeding of World Cashew Congress 2001 India, Cashew Promotional Council of India.

16. Hidellage P. Vishaka (2001), 'Role of Women in Sri Lankan Cashew Industry' Proceeding of World Cashew Congress 2001 India, Cashew Promotional Council of India.

17. Hedge N.G., Maharajan S.P. Pednekar, G. G. Sohani (2001), 'Involvement of Small Farmers in Cashew Production-BAIF'S Experience, Singh H. P., Balasuramanian P. P., Hubballi Venketesh N.

18. Isharani Chetan (2001), 'Internet and Commodity Trading' Proceeding of World Cashew Congress 2001 India, Cashew Promotional Council of India.

19. Kolekar P.B. (2009) 'Status of Cashew Development in Maharashtra States' Souvenir on 7th National Seminar on Cashew Development in India-Enhancement of Production and Productivity. Directorate of Cocoa and Cashew Development.

20. Kaul P.L. (1997), 'Horticulture in India-Production, Marketing & Processing, Indian Journal of Agriculture Economics,' Mumbai.

21. Kanji Nazeen (2004) 'Corporate Responsibility and Women's Employment' Sustainable Agriculture and Rural Livelihood Programmed at IIED (International Institute for Environment and Development).'

22. Kanji Nazeen, Harilal K.N. Jeyaranjan J., Eapen Mridul and Swaminathan Padmini (2006), 'Power in Global Value Chains : Implications for Employment and Livelihoods in the Cashew-nut Industry in India.

23. Jafee Steven (1994), 'Private Trader Response to Market Liberalizations in Tanzania's Cashew-nut Industry' The World Bank Agricultural and Natural Resources Department Agricultural Policies Division.

24. Lynch Russel (2001) 'Cashew Market in the U.S.' Proceeding of World Cashew Congress 2001 India, Cashew Promotional Council of India.

25. Mahajan S.S. and Patil P.J. (2009) 'Role of Cashew-nut Industry in Development of Hilly Region in Kolhapur' UGC National Conference on Development of Hilly Region: The Problems and Potential.

26. Morgen Peter (2001) 'The European Market' Proceeding of World Cashew Congress 2001 India, Cashew Promotional Council of India.

27. Musaliar T.K., Shahal Hassan (2001) evolution of Indian Cashew Industry, proceeding of world Cashew congress 2001 India Cashew export promotion council of India.

28. Musaliar (1996), 'Trends in Export of Cashew in consumer packaging,' Souvenir of National Seminar on Development of Cashew Industry in India, Directorate of Cashew nut and Cocoa Development, ministry of Agriculture Government of India.

29. Mcmillan Margaret, Rodrik Dani, Welch Karen Horn (2002), 'When Indian Cashew Exports Competitiveness 93 Economic Reform Goes Wrong : Cashew in Mozmbique, National Bureau of Economic Research,' 1050 Massachusetts Avenue Cambridge, MA02138.

30. Mishra N.K. (2005), Journal of Agriculture Marketing, 'Directorate of Marketing and Inspection, New Delhi.

31. Nair Harikrishnam R., and T. Pillai Ramalingam (2001), 'Packaging Cashews for the World, Souvenir of World Cashew congress 2001 India, Cashew Export Promotion Council of India.

32. Nair C.K (2001), Quality Maintenance of Cashew Kernels, Singh H.P. Balasubramanina P.P., Hubballi Venkatesh N. (Ed), Indian Cashew Issues and Strategies, Directorate of Cashew-nut and Cocoa Development Movement, Kochi 33. Nair K.Ravindranathan (2001),

Future of Indian Cashew Industry, Proceeding of World Cashew congress 2001 India, Cashew exports promotion council of India. 34. Nair Satheesh (2001), 'Indian Cashew Industry, Proceeding of World Cashew congress 2001 India, Cashew exports promotion council of India.

35. Nambiar M.C., Rao E.V.V.Baskara, pillai P.K.Thankamma (1990), Fruits: Tropical and Subtropical, Naya Prokashi, Calcutta 700006 India.

36. Naik Amita Namdeo, Kovlagi A.K.Wader L.K. (2006) 'Marketing of Cashew Kernel of North District of Goa' Indian Journal of Agriculture Marketing, Publication of Indian Society of Agriculture Marketing 112-A Rachna Vishwa K T Nagar Kutol Road Nagpur.

37. Negi J.P. (2001) 'Infrastructural Support for Development of Cashew' Singh H.P.Balasubramanian P.P., Hubballi Venkatesh N. (ED), Indian Cashew Issues and Strategies, Directorate of Cashew and Cocoa Development.

38. Prabhu G, Gridhar (2001) 'Prospects for Value Added and By-Products of Cashew' Proceeding of World Cashew congress 2001 India, Cashew exports promotion council of India.

39. Prabhu G, Gridhar, Pillai Anu S., Sankar A., Nair K. Gopinathan, Shahal T.K., Hassan Musaliar (2001), 'Cashew the Millennium Nut Past Present and Future' of World Cashew congress 2001 India, Cashew exports promotion council of India. 40. Pillai (1996), 'Import of Cashew-A Dwindling Phenomena : Domestic Production Needs Augmentation' souvenir of national seminar on Development of Cashew Industry in India, Directorate of Cashew nut and Cocoa Development, ministry of Agriculture Government of India.

41. Prabhu (1996), 'Raw Cashew-nut Transaction in India' Souvenir of National Seminar on Development of Cashew Industry in India, Directorate of Cashew nut and Cocoa Development, ministry of Agriculture Government of India.

42. Pillai J.Rajmohan (1996) 'Cashew Industry Over a Last Thirty Years-A Look Back, Souvenir of National Seminar on Development of Cashew

Industry in India, Directorate of Cashew nut and Cocoa Development, ministry of Agriculture Government of India.

43. Papademtriou Minas K., Herath Edward M. (1996), 'Integrated production 94 Indian Cashew Exports Competitiveness practies Cashew in Asia' Food and Agriculture's Organization of the United Nations Regional office for Asia and Pacific Bankok, Thailand.

44. Prabhu G. Giridhar (2001), Mordenzation of 'Cashew Processing System in India,' Singh H.P., Balasubramanian P.P. Hubbali Venktesh N. (Ed), Indian Cashew Issues and Strategies, Directed of Cashew Nut and Cocoa Development Government, Kochi.

45. Pillai (2004), Increasing Domestic Kernal Consumption, Proceeding of World Cashew Congress 2001 India, Cashew Export Promotion Council of India.

46. Rao E.V.V. Bhaskar (1996), 'Cashew Research Infrastructure in India and Achievements' Souvenir of national Seminar on Development of Cashew Industry in India, Directorate of Cashew Nut and Cocoa Development, Ministry of Agriculture Government of India.

47. Rao E.V.V. Bhasker, KRM. Swami, M.G. Bhat (2006), 'Plantation Crop', V.A Parthasarathy, P.K. Chattopadhyay and T.K. Bose (Ed.), Prata Shankar Basu, Naya Udyog Kolkata, 700006 India.

48. Ramaswamy P. (1967), 'Mechanizaton in Cashew Processing and Its Implication for Indian Cashew Industry', Indian Journal Agriculture Marketing, Directorate of Marketing and Inspection, Ministry of Food. Agriculture Community Development and Cooperation (Department of Agriculture), Government of India, Nagpur.

* * *

७. अधिक निर्यातक्षम पीक : काजू

स्वातंत्र्यानंतर प्रथमच भारताने पहिले कृषी निर्यात धोरण तयार केले आहे. ज्याद्वारे सरकार २०२२पर्यंत कृषी निर्यात आणि शेतकऱ्यांचे उत्पन्न दुप्पट करू इच्छित आहे. भारताच्या कृषी निर्यात व्यवस्थे (बास्केट)मध्ये काजू हे सर्वात महत्त्वाचे उत्पादन आहे ज्यात प्रचंड निर्यात क्षमता आहे. भारत हा जगातील सर्वात मोठ्या काजू निर्यातदारांपैकी एक आहे. अलीकडच्या काळात काजू निर्यात क्षेत्राला विविध आव्हानांचा सामना करावा लागत आहे, ज्यामुळे जागतिक काजू बाजारात भारताचे स्थान धोक्यात आले आहे.

उच्च आर्थिक मूल्य असलेले पीक

भारतीय काजू लागवड ४०० वर्षे जुनी आहे. सोळाव्या शतकात भारताच्या पश्चिम किनाऱ्यावर पोर्तुगीज नाविकांची ओळख झाली, (डॉ. पाटील पी. जे., २०१२). सुरुवातीच्या काळात काजूला फळबाग पिके म्हणून फारसे महत्त्व नव्हते, कारण ते फक्त वनीकरण आणि पडीक जमिनीच्या विकासासाठी वापरले जात होते. (के. सी. जॉन, २००२). धूप रोखण्यासाठी माती बांधणीमध्ये ते उपयुक्त असल्याचे आढळले.

१९६०च्या दशकाच्या सुरुवातीस व्यावसायिक लागवडीला सुरुवात झाली आणि काही वर्षांमध्ये काजू हे उच्च आर्थिक मूल्य असलेले पीक बनले आणि देशासाठी लक्षणीय परकीय चलन मिळवून निर्यातकेंद्रित वस्तूचा दर्जा प्राप्त केला.

आघाडीची काजू उत्पादक राज्ये

१९६०मध्ये केरळ, आंध्र प्रदेश आणि ओडिशा ही भारतातील आघाडीची काजू उत्पादक राज्ये होती. २०१७-१८ मध्ये ओडिशाने केरळ, आंध्र प्रदेश, महाराष्ट्र आणि तामिळनाडूचा

लागवडीखालील क्षेत्राचा ताबा घेतला, तथापि उत्पादन आणि उत्पादकतेच्या बाबतीत महाराष्ट्र हे भारतातील आघाडीचे काजू उत्पादक राज्य आहे. गेल्या तीन दशकांत एकूण लागवड क्षेत्र ५३,०८६९ हेक्टरवरून ९७,८००० हेक्टर (FAO)पर्यंत वाढले आहे. भारतीय काजू उद्योगाला मोठ्या संधी आहेत, पारंपरिक ज्ञान, योग्य कृषी हवामान परिस्थिती, सुपीक जमीन आणि मजुरांची उपलब्धता, बाजारपेठेची उपलब्धता, भारतीय ब्रँड, तांत्रिक ज्ञान, श्रम गहन यांसारखी निर्यात करण्यायोग्य काजूगर (कर्नल) तयार करण्यासाठी पुरेशी संसाधने आहेत. भारताला काजू निर्यात क्षमता साध्य करण्यास मदत होईल.

कालांतराने, प्रगत काजू उत्पादन तंत्र विकसित केले गेले आहे जे मोठ्या प्रमाणात काजू उत्पादन वाढविण्यास मदत करते. सध्या भारत जगातील सर्वात मोठ्या काजू उत्पादक राष्ट्रांपैकी एक आहे. भारतात दहा राज्यांत म्हणजे काजू उत्पादन उपलब्ध आहे. महाराष्ट्र, केरळ, गोवा, तामिळनाडू, आंध्र प्रदेश, कर्नाटक आणि ओडिशा, पश्चिम बंगाल, गुजरात, आसाम ही देशातील प्रमुख काजू उत्पादक राज्ये आहेत.

जागतिक उत्पादनात २० टक्के योगदान

जागतिक काजू अर्थव्यवस्थेत भारत हा प्रमुख काजू उत्पादक देश आहे. हे कच्च्या काजूचे मोठे उत्पादक आहे जागतिक उत्पादनात २० टक्के योगदान देते. भारतात १०.२७ लाख हेक्टर क्षेत्रात काजूची लागवड केली जाते आणि एकूण ७,२५. लाख मेट्रिक टन कच्च्या काजूचे उत्पादन होते आणि एकक क्षेत्र उत्पादकता ७०६ किलो/ हेक्टर आहे.

महाराष्ट्र हे काजू उत्पादन आणि उत्पादकतेत

सर्वोच्च राज्य आहे. आंध्र प्रदेश आणि ओडिशा काजू उत्पादनात तिसऱ्या आणि चौथ्या क्रमांकावर असून त्यानंतर महाराष्ट्राचा क्रमांक लागतो. गहन आणि एकात्मिक संशोधन प्रयत्नामुळे नवीन वाणांचा विकास झाला आहे. उच्च उत्पादन देणारे तंत्रज्ञान काजू उत्पादकता आणि उत्पादनात लक्षणीय वाढ करते.

काजूप्रक्रिया मुख्यतः लहान आणि प्रोसेसरद्वारे केली जाते. ही अत्यंत निर्यातकेंद्रित वस्तू आहे. भारत दीर्घ कालावधीत कच्च्या काजूची आयात करत असताना, काही कालावधीत कच्च्या काजूची आयात वाढली. देशांतर्गत काजू उत्पादन प्रक्रियेच्या आवश्यकतेपेक्षा खूपच कमी आहे. कच्च्या काजूचे उत्पादन निर्यातीसाठी प्रक्रियेच्या मागणीच्या ६० टक्के आहे.

कच्च्या काजूसाठी भारत ही मोठी बाजारपेठ आहे (घाना एक्स्पोर्ट प्रमोशन कौन्सिल (२००५). भारत हा जगातील अव्वल कच्चा काजू आयात करणारा देश आहे. कालांतराने, भारताची काजूप्रक्रिया क्षमता प्रचंड वाढली आहे. काजूचे देशांतर्गत उत्पादन आहे. उद्योगाची मागणी पूर्ण करण्यासाठी पुरेसे नाही आणि त्यामुळे भारताने कच्चा काजू आयात करण्यास सुरुवात केली. त्यामुळे नवीन क्षेत्रांचा विकास, पुनर्लागवड, व्यावसायिक लागवड, अधिक उत्पादन देणाऱ्या वाणांचा अवलंब, उत्पादकता वाढवणे, अशा विविध उत्पादन पुतळ्यांचा अवलंब करावा लागतो.

विस्तृत संशोधन नेटवर्क आणि पायाभूत सुविधांचा विकास, पर्यावरणपूरक उत्पादन पॅकेज जसे की सेंद्रिय शेती आणि एकात्मिक कीटक व्यवस्थापन. काजूसाठी जागतिक बाजारपेठ गतिमान आहे.

दर वर्षी १० टक्के वाढ

दर वर्षी अंदाजे १० टक्केच्या शाश्वत वाढ दरासह आणि उत्पादित काजूना 'सेंद्रिय' प्राप्त होऊ शकते. ते रसायनमुक्त आहेत म्हणून लेबल करा आणि प्रीमियम किंमत मिळवा. आपल्या देशातील प्रमुख काजू उत्पादक भागांत नैसर्गिक शेतीचा अवलंब केला जातो. तो अंदाज आहे भारतातील २० टक्केपेक्षा जास्त काजूधारक रासायनिक खते किंवा कीटकनाशके वापरत नाहीत (शालिनी यादव, २०१०)

आंतरराष्ट्रीय कृषी व्यापार व्यवस्थे (बास्केट) मध्ये काजू ही सर्वात महत्त्वाची वस्तू आहे. भारत हा काजूचा सर्वात मोठा उत्पादक, प्रक्रिया करणारा, निर्यातदार आणि आयातदार (कच्चा) देश आहे. तथापि, अलीकडच्या काळात ब्राझील, इंडोनेशिया, व्हिएतनाम आणि काही आफ्रिकन देशांसारख्या देशांनी निर्यातीच्या गंतव्यस्थानांसाठी प्रक्रिया आणि कमी वाहतूक खर्च सुरू केल्यामुळे भारताला जोरदार पूर्णत्वाचा सामना करावा लागत आहे.

काजू प्रक्रियेच्या आधुनिक पद्धती

२०१७ मध्ये काजूचे जागतिक उत्पादन ३,९७१,०४६ टन होते, ज्याचे नेतृत्व व्हिएतनाम, भारत आणि कोट डी'आयव्होर यांनी अनुक्रमे जगाच्या एकूण उत्पादनाच्या २२ टक्के, १९ टक्के आणि १८ टक्केसह केले. बेनिन, गिनी-बिसाऊ. केप वर्दे, टांझानिया, मोझांबिक, इंडोनेशिया आणि ब्राझीलमध्येही काजूच्या कर्नलचे लक्षणीय उत्पादन होते. भारतीय काजूप्रक्रिया युनिट्स आता तेल बाथ रोस्टिंग आणि स्टीम रोस्टिंगद्वारे काजू प्रक्रियेच्या आधुनिक पद्धती वापरत आहेत. हे काजू कर्नलची गुणवत्ता राखण्यासाठी आणि काजूच्या कवचाचे द्रव तेल काढण्यास मदत करते.

बाजारपेठेच्या क्षमतेत वाढ

अन्नसंबंधित उद्योगांमध्ये काजू हा एक महत्त्वाचा घटक बनत आहे म्हणून त्याची बाजारपेठेची क्षमता वाढत आहे. आंतरराष्ट्रीय बाजारपेठेत भारताचा एक अनोखा ब्रॅंड आहे, कारण त्याची चव आणि दीर्घकालीन उपस्थिती. शिवाय, आंतरराष्ट्रीय बाजारपेठेत भारतीय काजूला नेहमीच चांगली मागणी असते. तथापि, इतर देशांतून तीव्र स्पर्धा येत आहे, ती जागतिक काजू बाजारपेठेत भारताच्या स्थितीला आव्हान देत आहे, त्यामुळे उद्योगांना नियोजित पद्धतीने पुढील वाढीसाठी सरकारकडून पोषक वातावरणाची गरज आहे.

देशांतर्गत उत्पादनाचा तुटवडा, प्रक्रिया करणाऱ्या युनिट्सची वाढती मागणी यामुळे कच्च्या काजूची आयात होते. महाराष्ट्र, केरळ, तामिळनाडू यांसारखी काही राज्ये लागवडीचे क्षेत्र, उत्पादकता आणि एकूण उत्पादनाच्या बाबतीत चांगली कामगिरी करत आहेत. तथापि, तेलंगणा, कर्नाटक, गुजरात, ईशान्येसारखी इतर राज्ये काजूसाठी योग्य कृषी हवामान परिस्थिती असूनही, त्यांच्या क्षमतेचा पुरेपूर वापर करत नाहीत.

कच्च्या काजूची बाजारपेठ भारतात व्यवस्थित नाही. शेतकऱ्यांना त्यांच्या मालाला योग्य भाव मिळत नाही. एजंटकडून वजन आणि किमतीत त्यांची फसवणूक होते. शेतकऱ्यांकडून थेट कच्च्या मालाची खरेदी होत नाही.

आंतरराष्ट्रीय काजूगर (Cashaw Kernels) मार्केटचे स्वरूप गतिशील आहे. शेतकरी आणि लहान प्रक्रिया करणाऱ्यांना प्रवेश आहे म्हणून ते कच्च्या काजू आणि काजूच्या गराच्या किमती आणि बाजारातील कल (ट्रेंड) काय आहे; अंदाज लावू शकत नाहीत. पॅकेजिंग आणि किमान अवशिष्ट लिव्हर ही भारतीय काजू निर्यातीची प्रमुख आव्हाने आहेत.

काजू निर्यात क्लस्टर

या आव्हानांच्या प्रकाशात काजू उत्पादन आणि उत्पादकता वाढवण्यासाठी व्यावसायिक लागवडीला चालना दिली जाऊ शकते. आंतरराष्ट्रीय बाजारपेठेतील बदलांचा सामना करण्यासाठी बाजारपेठेचा चाणाक्षपणे (Market Intelligence) सर्वे करणे आवश्यक आहे. प्रत्येक जिल्हा स्तरावर योग्य ओळख आणि विश्लेषण केल्यानंतर काजू उत्पादन आणि प्रक्रिया क्लस्टर्स वाढवले पाहिजेत. काजू निर्यात क्लस्टर (अमूर्त वस्तूंचा समूह समान वस्तूंच्या वर्गात बसविण्याची प्रक्रिया!)ची निर्मिती केल्यास ती प्रत्येक जिल्हा स्तरावर निर्यातीच्या आव्हानांना तोंड देण्यासाठी व प्रोत्साहन देण्यास मदत करेल.

थोडक्यात, भारत सरकारने गुणवत्ता मानके आणि तपशिलांना प्रोत्साहन दिले पाहिजे. चांगल्या कृषी पद्धती अमलात आणणे, उत्पादनांचे पॅकेजिंग सुधारणे, शेतमालाचे अन्न सुरक्षा आणि मानक कायदा (Food Safety and Standards Act-FSSAI) मानकांमध्ये परिवर्तन, फळबागांच्या पुनरुज्जीवनासाठी हस्तक्षेप, जुन्या वृद्ध वनस्पती बदलणे आणि आंतरपिकांना प्रोत्साहन आणि निर्यातीला प्रोत्साहन असे बदल करावे लागतील.

मूल्यवर्धित वस्तूंची, आंतरराष्ट्रीय बाजारपेठेत विश्वासार्हता प्रस्थापित करण्यासाठी टप्प्याटप्प्याने सर्व निर्यात करण्यायोग्य वस्तूंसाठी ट्रेसेबिलिटी (शोधकदृष्टी) स्थापित केली पाहिजे. काजूगराच्या निर्यातीतील वाढ आणि त्याच्या उत्पादनामुळे देशांतर्गत बाजारातील किमतींवरही सकारात्मक परिणाम होईल.

देशांतर्गत प्रक्रियेचा उच्च खर्च आणि आंतरराष्ट्रीय बाजारपेठेतील काजूगर व्यापारात व्हिएतनाममधील किंमत स्पर्धेमुळे काजू कर्नलची निर्यात घटली आहे. निर्यातीच्या किमतीपेक्षा (१५-२० टक्के) उच्च किमतीमुळे व्यापार, काजू उद्योग देशांतर्गत बाजारात केंद्रित झाले आहेत. देशांतर्गत बाजारपेठेतील उपभोगाच्या वाढीचा दर (१५ टक्के CAGR) वाढत आहे. आक्रमक निर्यात प्रोत्साहन उपायांचा अभाव.

RCN निर्यात करणाऱ्या देशांनी कर्नलची यांत्रिक प्रक्रिया आणि निर्यात सुरू केली आहे. (आयव्हरी कोस्ट, नायजेरिया, घाना, टांझानिया, बेनिन).

काजू उद्योगात सुधारणा करण्यासाठी काही कृती करणे आवश्यक आहे.

- उच्च घनता संकल्पना आणि उच्च उत्पन्न देणाऱ्या वाणांसह काजूमध्ये मोठ्या प्रमाणावर क्षेत्र विस्तार आणि पुनर्लागवड (५०,००० हेक्टर नवीन लागवड आणि २०,००० हेक्टर प्रतिवर्षी पुनर्लागवड साध्य करणे आवश्यक आहे.)
- देशांतर्गत उत्पादनाला चालना देण्यासाठी केंद्र सरकारकडून जोरदार हस्तक्षेप.
- FPO आणि इतर भागधारकांच्या सहभागासह लहान आणि सीमान्त शेतकऱ्यांचे जीवनमान सुरक्षित करण्यासाठी सामाजिकदृष्ट्या मागास भागात केंद्रित दृष्टिकोन.
- काजूप्रक्रिया उद्योगांचे अपग्रेड आणि यांत्रिकीकरण.
- ब्रँड म्हणून भारतीय काजूचा प्रचार.
- नवीन बाजारपेठेतील विस्तार आणि मूल्यवर्धित उत्पादनांच्या श्रेणीत वाढ.
- सर्व भागधारकांच्या सहभागासह व्यापक संस्थात्मक यंत्रणा जसे केंद्रित काजू उत्पादन क्षेत्रांमध्ये प्रादेशिक काजू संचालनालय उघडणे.
- काजू शेतीवरील चांगल्या कृषी पद्धतींवर संशोधन आणि विकासावर अधिक भर.

● ● ●

परिशिष्ट
१. काजूप्रक्रिया आणि तंत्रज्ञान

काजूप्रक्रिया हा अनेक प्रक्रियांचा समावेश असलेली एक नियोजनबद्ध क्रिया आहे. गेल्या काही वर्षांमध्ये या प्रक्रियेसाठी वापरल्या जाणाऱ्या यंत्र आणि तंत्रज्ञानाच्या पद्धतीत अनेक सुधारणा झाल्या आहेत. सुरुवातीला काजूप्रक्रिया ही पूर्णपणे हाताने केली जात असल्याने नुकसानीचे प्रमाण अधिक असे. काजूप्रक्रिया उद्योगातील वाढत्या व्यावसायिकीकरणामुळे काजूप्रक्रिया यंत्रामध्ये अनेक सुधारणा झाल्या असून, त्याद्वारे उत्तम दर्जाच्या काजूगरांची निर्मिती शक्य होत आहे. काजूप्रक्रियेच्या पायऱ्या व त्यासाठी वापरले जाणारे तंत्रज्ञान विस्ताराने समजून घ्यायला हवे.

१. सफाई, आकारानुसार वर्गवारी आणि जतन

काजूप्रक्रियेतील पहिली कृती म्हणजे काजूबियांना चिकटलेली धूळ आणि घाण साफ करणे ही होय. हे काजू झाडावरून जमिनीवर पडल्यानंतर गोळा केले जातात. काजूचे फळ आणि इतर नको असलेले पदार्थ काजूबियांपासून वेगळे केले जातात. अत्यंत साध्या पद्धतीने २० मि.मी. आकाराची जाळी असलेल्या चाळणीतून चाळून घाण व धूळ साफ केली जाते. (आयटीडीजी, २०००) अशा रीतीने साफ केलेल्या बिया त्यांची टरफले काढण्यासाठी जतन केल्या जातात. जतन केल्यामुळे टरफलाचा ठिसूळपणा वाढून ते टरफल काढून टाकणे सोपे बनते.

२. भिजवणे

काजूबिया भाजताना करपून जाऊ नयेत म्हणून त्या भिजवल्या जातात. ४० ते ४५ गॅलन क्षमतेच्या एका पिंपात किंवा भांड्यात पाणी घालून त्यात या काजूबिया पूर्णपणे बुडतील अशा रीतीने ठेवल्या जातात. अशा स्थितीत सुमारे दहा मिनिटे भिजवल्यानंतर या पिंपाच्या तळाला असलेल्या एका छिद्रातून सगळे पाणी काढून टाकण्यात येते. त्यानंतर या बियांच्या पृष्ठभागावर साचलेले पाणी आत शोषून घेण्यासाठी त्या किमान चार तास तशाच ठेवल्या जातात. बियांना पाण्यात बुडवून ठेवणे, पिंपातील पाणी काढून टाकणे आणि बियांना तसेच ठेवून देणे या क्रिया तीनदा, म्हणजेच जोवर बियांमधील आर्द्रतेचे प्रमाण ९ टक्क्यांपर्यंत पोचत नाही, तोपर्यंत कराव्या लागतात. जिथे दिवसाला २ ते १० टन इतके अंतिम उत्पादन होते तिथे स्वच्छता आणि आर्द्रता वाढवणे यांसारख्या साध्या व्यवस्था वापरता येऊ शकतात. गोळा केलेल्या काजूबियांची पोती एका स्टँडवर मोकळी करून हा कच्चा माल भिजवण्याची प्रक्रिया सुरू होण्याआधी स्वच्छ करू शकतात. या प्रक्रियेत दोन पिंप वापरणे जास्त सोयीचे ठरते, कारण एका पिंपातल्या काजूबिया दुसऱ्या पिंपात ओतता येतात.

३. काजू भाजणे

भारतात काजू भाजण्यासाठी विविध पद्धती वापरल्या जातात.

अ. उन्हात भाजणे

ही भाजण्याची एक प्राचीन पद्धती असून, ती घरगुती प्रक्रियेसाठी वापरली जाते. ही परंपरागत पद्धत तामिळनाडूमधल्या दक्षिण अर्काॅट जिल्ह्यातल्या पानरुटी या गावात आजही वापरली जाते. (प्रभू, २००१) येथील लोक काजूबिया सपाट दगडांवर उन्हात पसरून ठेवतात, यामुळे काजूबियांचे टरफल ठिसूळ होईपर्यंत बिया सुकतात. त्यानंतर या काजूबिया एका लाकडी दांडक्याने झोडल्या जातात, त्यामुळे त्यावरील टरफल निघून जाते. काजूबियांचे तिच्या नैसर्गिक कडेवरच दोन भाग होतात. काजूबियांतील तेलाची भेसळ न होता काजू बी त्या टरफलातून वेगळी होते. या पद्धतीचा वापर करण्यासाठी योग्य आर्द्रता आणि हवामान स्थिती आवश्यक असते. त्यामुळे भारतातील विशिष्ट भागांमध्ये ही पद्धत वापरणे शक्य होते. काजू बीच्या टरफलांवर तेल मिळवण्यासाठी आणखी प्रक्रिया केली जाते, (झाम अली, एट. अल, २०००).

ब. खोलगट तव्यावर भाजणे

भाजण्याची ही अत्यंत कमी साधनांद्वारे करण्यायोग्य अशी साधी पद्धत आहे. भारतातील परंपरागत काजूप्रक्रियादार ही खोलगट तव्यावर भाजण्याची पद्धत वापरतात. यामध्ये काजूबिया करपून जाऊ नयेत, यासाठी अधिक कौशल्य आणि योग्य अंदाजाची गरज असते. भाजण्याचा हा तवा गोलाकार व किंचित खोलगट असा असून, त्याचा व्यास ६०० ते ६७५ मिमी (दोन ते अडीच फूट) असतो.

हा तवा एखाद्या चुल्ह्यावर किंवा तिन्ही बाजूने आधारावर ठेवला जातो. त्याखाली लाकडे पेटवून तापवला जातो. या तापलेल्या तव्यावर एका वेळी एक ते दीड किलो कच्च्या काजूबिया ठेवल्या जातात. त्यावर त्या सतत हलवत भाजल्या जातात. या सततच्या हलवण्यामुळे त्या करपत नाहीत. जसजशा बिया तापतात, तसतसे बियांपासून निघणारे तेल तव्यावर उतरते आणि ते पेट घेते, यामुळे काळ्या धुराचे लोट निघू लागतात. काजूबिया साधारणतः दोन मिनिटे (अनुभवाने अंदाज घेऊन) तापवल्या आणि भाजल्यावर हा तवा पाण्यात बुडवून त्यावरच्या काजूबिया पाण्यात टाकून थंड होऊ दिल्या जातात. या प्रक्रियेदरम्यान बियांवरचे टरफल ठिसूळ बनते. ते बियांपासून सहज वेगळे करता येते, (झाम अली, एट. अल, २०००).

क. पिंपात भाजणे

नियोजनबद्ध प्रक्रिया सुरू होण्याआधी ही पिंपामध्ये भाजण्याची पद्धत वापरात होती. या पद्धतीत काजूबिया आगीत टाकून दिल्या जात. त्यावरील बाह्य टरफल फुटल्यानंतर त्यातील काजू वेगळे केले जात. त्याचीच पुढची सुधारित आवृत्ती तव्यावर भाजणे ही आहे. सामान्यतः ही पद्धत केरळमध्ये वापरली जाते. (प्रभू, २००१). खुल्या तव्यावर भाजण्याच्या पद्धतीत झालेली सुधारणा म्हणजे पिंपाच्या आकाराचा रोस्टर विकसित करण्यात आले आहेत. यात काजूबिया भाजण्याचा पिंप हा एका विशिष्ट कोनात तिरका ठेवला जातो. हा पिंप फिरत असतानाच काजूबिया या पिंपातून घसरत जातात आणि पिंपाच्या दुसऱ्या बाजूने काढून घेतल्या जातात. पिंपाच्या फिरण्याच्या वेगात बदल करून भाजण्याची वेळ नियंत्रित

करता येते, यामुळे काजूबिया करपत नाहीत. या पिंपाची वरील बाजू झाकलेली असून ती पुढे चिमणीला जोडलेली असते, त्यामुळे काजूबिया भाजण्याच्या प्रक्रियेत तयार होणारा काळा धूर आकाशात उंचावर सोडला जातो. या सोयीमुळे यंत्र चालवणाऱ्या व्यक्तीला धुराचा त्रास कमी होतो, मात्र या पद्धतीतही जास्त भाजल्या गेल्यामुळे काजूबिया वाया जातात आणि काजू टरफलांच्या तेलाचे ज्वलन कमी प्रमाणात होते, (झाम अली, २०००).

ड. तेलात भिजलेल्या स्थितीत भाजणे

१९३०-४०च्या उत्तरार्धात काजूबियांच्या तेलाची मागणी वाढत होती. या काळातच तेलात भिजवलेल्या स्थितीत काजूबिया भाजणे या नावीन्यपूर्ण प्रक्रियेचा शोध लागलेला आहे. दुसऱ्या जागतिक युद्धाच्या काळात एक धोरणात्मक नवा पदार्थ म्हणून हे तेल ब्रेक आणि क्लचेसच्या लायनिंगसाठी वंगण म्हणून वापरले जात होते. या पद्धतीला जगातील मोठे उत्पादक प्राधान्य देतात. (प्रभू, २००१). या पद्धतीतील तत्त्व असे आहे की जेव्हा तेलयुक्त पदार्थ त्याच पदार्थाच्या तेलात उच्च तापमानाला तळले जातात, तेव्हा त्यांच्या टरफलाच्या आत असलेले तेल सुटते, यामुळे कढईतील तेलाचे आकारमान वाढते, (झाम अली, एट-अल, २०००). या पद्धतीत पूर्वप्रक्रिया केलेल्या काजूबिया त्याच्याच तेलात सोडल्या जातात आणि सरकत्या बादल्यांमध्ये १७० ते २०० सेंटीग्रेड तापमानावर एक ते दोन मिनिटे तापवल्या जातात. या काळात टरफल तापते आणि टरफलांपासून तेल सुटणे सुरू होते. सातत्याने वरून वाहण्याची व्यवस्था करून हे तेल गोळा केले जाते. अशा प्रकारे तळलेल्या बियांना

चिकटलेले तेल काढून घेण्यासाठी त्या सेंट्रिफ्यूज पद्धतीने फिरविल्या जातात. त्यानंतर त्या बिया थंड केल्या जातात. या थंड झालेल्या बियांवरील टरफल काढण्यासाठी हात व पायांनी चालविण्याचे यंत्र वापरले जाते. एका टोकदार सुईच्या साहाय्याने एकमेकांना चिकटलेले काजू वेगळे केले जातात, (डीसीसीडी, २०१६).

इ. वाफेवर भाजणे

वाफेवर भाजण्याची पद्धत हा १९८० मधला शोध आहे. कोरड्या काजूबियांवर थेट वाफ सोडून ती भाजली जाते. (प्रभू, २००१). कच्च्या बिया प्रति चौ. इंच १२० ते १४० इतक्या दाबाने वाफेवर शिजवल्या जातात. त्यानंतर या काजूबिया २४ तास थंड होऊ दिल्या जातात. त्यानंतर त्यावरील टरफले काढण्याची प्रक्रिया सुरू केली जाते. त्यानंतरच्या प्रक्रियेत टरफले चिरडून त्यातून तेल काढण्यात येते. हात किंवा पायांनी चालवण्याच्या यंत्राद्वारे टरफले काढून टाकली जातात, (डीसीसीडी, २०१०).

काजू शिजवण्याचे यंत्र

काजू हातांनी कापणे

स्वयंचलित काजू कापणी यंत्र

काजू कापण्यासाठी हाताने चालविण्याचे यंत्र

४. काजूची तपासणी

भाजलेले काजू तपासून पाहणे आवश्यक आहे. काजू बीच्या खालच्या भागाला स्पर्श करणारी वरची बाजू वर उचलली गेली असेल तर ते काजू चांगल्या रीतीने भाजल्याचे निदर्शक आहे. तसे झाले नसेल तर काजू बी पुन्हा भाजावी लागते, (कोळेकर, २००८).

५. काजूचे टरफल काढणे

काजू भाजल्यानंतर त्यापुढील प्रक्रिया टरफल काढणे ही आहे. या प्रक्रियेत काजू बी टरफलापासून वेगळी केली जाते. टरफल

काढण्याचा हेतू मोकळ्या बाजूंसह स्वच्छ, अख्खे काजू काढणे हा आहे. भारतात काजूची टरफले ही नेहमी हातांनी काढली जातात, (झाम अली, एट. अल, २०००).

काजूबोंड भाजल्यानंतर आणि थंड केल्यानंतर काजू काढून घेण्यासाठी त्याचे टरफल काढून टाकण्यात येते. टरफल काढणे ही नाजूक प्रक्रिया असून, ते काढत असताना योग्य काळजी घ्यावी लागते. काजूच्या टरफलात असलेल्या तेलामुळे हाताची त्वचा सोलली जाऊ शकते. त्यापासून हात सुरक्षित ठेवण्यासाठी कवच कापताना हातमोजे वापरावेत. व्यावसायिक काजूप्रक्रिया कारखान्यांमध्ये पायांद्वारे संचालित टरफल काढणी यंत्राचा वापर केला जातो.

या यंत्रात पात्यांची (चाकू) एक जोडी असते. ती पायांनी चालवली जाते. या पात्यांद्वारे काजू बी अबाधित ठेवून, केवळ तिच्या चारही बाजूंनी टरफल कापले जाते. टरफल काढून टाकल्यावर टरफलाचे उरलेले तुकडे हाताने काढून टाकले जातात. विविध आकारांच्या काजूबियांनुसार योग्य त्या आकाराच्या पात्यांच्या जोडीत टाकून टरफल काढण्याचे काम करावे लागते.

(डीसीसीडी, २०१०) अलीकडे प्रक्रियादार हाताने चालविण्याच्या यंत्रांच्या जागी स्वयंचलित काजू कापणी यंत्रे वापरतात, यामुळे मनुष्यबळाचीही बचत होते.

काजू सुकवण्याचे यंत्र

६. वाळवणे

टरफल काढून झाल्यानंतर काजू बी सुकवले जातात. टरफल काढून टाकल्यावर काजूबियांमध्ये ६ टक्क्यांपेक्षा जास्त आर्द्रता असते, त्यामुळे साठवणुकीच्या काळात त्याला बुरशी लागू नये आणि काजूवरचे पातळ आवरण सोलता यावे, यासाठी काजू सुकवण्याची गरज असते. काजूतील आर्द्रतेचे प्रमाण चार ते पाच टक्क्यांवर येईल इतपत ते वाळवले जातात. वाळवणाच्या प्रक्रियेसाठी काजू बी हे उष्ण कक्षामध्ये ७० ते ८० सेंटीग्रेड तापमानावर सहा ते आठ तास तापवले जातात.

क्रॉस फ्लो ड्रायरच्या साहाय्याने गरम हवेचा झोत काजूवर सोडून एकसमान कोरडेपणा आणला जातो. एकसमान कोरडेपणासाठी या ट्रेची स्थिती सतत बदलावी लागते, अन्यथा जास्त तापलेल्या भागातील काजू करपण्याची शक्यता असते. काजू जास्त सुकवल्यास त्याचे कवच खूपच ठिसूळ बनते. असे काजू बी तुटण्याचे प्रमाण वाढते. सुकवल्यानंतर काजू एका आर्द्रतायुक्त खोलीत २४ तासांसाठी ठेवले जातात, त्यामुळे काजूवरील पातळ आवरण सहज काढणे (सोलणे) शक्य होते. तसेच काजू तुटण्याचे प्रमाणही घटते. (डीसीसीडी, २०१०)

७. वेगळे करणे

टरफल काढल्यानंतर टरफलाचे तुकडे आणि काजू वेगळा केला जातो. ज्या काजूंचे टरफल वेगळे झालेले नसतात, असे काजू टरफल काढण्यासाठी परत पाठवले जातात. काजूपासून टरफलाचे हलके तुकडे वेगळे करण्यासाठी ब्लोअर्स आणि शेकर्स यांचा वापर केला जातो. टरफलाला चिकटून राहिलेले काजूचे छोटे तुकडे काढण्यात खूप समस्या येतात. सामान्यतः एका चल पट्ट्यावर असे काजू सोडून ते हातांनी वेगळे केले जातात.

८. पूर्व वर्गीकरण

ही प्रक्रिया काजू सुकवण्याच्या आधी किंवा नंतर करता येऊ शकते. यामुळे अंतिम वर्गीकरणाचे कष्ट मोठ्या प्रमाणात कमी होऊ शकतील. प्रक्रिया उद्योगाच्या मोठ्या कारखान्यांमध्ये हे काम यंत्राद्वारे करता येऊ शकते, याद्वारे विशेषतः तुटलेले काजू अख्ख्या काजूंपासून वेगळे केले जातात. काही वेळेला वेगवेगळ्या आकारांचे काजूही वेगळे केले जातात.

हाताने काजूची साल काढणे

शिल्लक राहिलेल्या काजूवरील सालही हलक्या हातांनी बोटांच्या साहाय्याने काढावी लागते. जर ती काढण्यास अडचणी येत असतील तर त्यासाठी बांबूच्या चाकूचा वापर करता येतो. एक माणूस एका दिवसात अंदाजे १० ते १२ किलो काजूगर साल काढून स्वच्छ करू शकतात, (झाम अली, २०००).

काजूची साल काढण्याचे यंत्र

स्वयंचलित काजू प्रतवारी यंत्र

९. साल काढणे

काजू वाळल्यानंतर पुढील पायरी म्हणजे त्याची साल काढणे. या टप्प्यात काजूगराच्या वर एक साल अलगद जोडलेली असते. त्याला इंग्रजीमध्ये 'टेस्टा' असे म्हणतात. या आधीच्या प्रक्रियेमध्ये काही काजूंवरील हे साल निघून गेलेले असते.

१०. प्रतवारी

या टप्प्यामध्ये काजूगरांचे वर्गीकरण हे त्यांच्या रंग, चव, वजन आणि आकारानुसार केले जाते, यामुळे काजूगरांचे व्यावसायिक मूल्य नक्कीच वाढते. 'कॅश्यू प्रमोशनल कौन्सिल ऑफ इंडिया' यांनी या प्रतवारीसाठी काही निकष दिलेले आहेत.

१. पूर्ण पांढऱ्याशुभ्र अशा काजूगराची प्रतवारी

प्रत निकष	व्यापारी नाव	आकारविषयक माहिती (संख्या प्रति ४५४ ग्रॅम)	गुणधर्म
W-180	व्हाईट व्होल्स	170-180	पांढऱ्या /फिकट हस्तिदंत/हलकी राख
W-120	व्हाईट व्होल्स	200-210	पांढऱ्या /फिकट हस्तिदंत/हलकी राख
W-240	व्हाईट व्होल्स	220-240	पांढऱ्या /फिकट हस्तिदंत/हलकी राख
W-320	व्हाईट व्होल्स	300-320	पांढऱ्या /फिकट हस्तिदंत/हलकी राख
W-450	व्हाईट व्होल्स	400-450	पांढऱ्या /फिकट हस्तिदंत/हलकी राख
W-500	व्हाईट व्होल्स	450-500	पांढऱ्या /फिकट हस्तिदंत/हलकी राख

२. ओबडधोबड पूर्ण काजूगराची प्रतवारी

प्रत निकष	व्यापारी नाव	आकारविषयक माहिती (संख्या प्रति ४५४ ग्रॅम)	गुणधर्म
SW-180	Scorched Wholes	170-180	ड्रायर / ब्रोमायामध्ये भाजताना किंवा वाळवताना जास्त गरम झाल्यामुळे काजूगर जळतात/ किंचित गडद होतात.
SW-120	Scorched Wholes	200-210	ड्रायर / ब्रोमायामध्ये भाजताना किंवा वाळवताना जास्त गरम झाल्यामुळे काजूगर जळतात/ किंचित गडद होतात.
SW-240	Scorched Wholes	220-240	ड्रायर / ब्रोमायामध्ये भाजताना किंवा वाळवताना जास्त गरम झाल्यामुळे काजूगर जळतात/ किंचित गडद होतात.
SW-320	Scorched Wholes	300-320	ड्रायर / ब्रोमायामध्ये भाजताना किंवा वाळवताना जास्त गरम झाल्यामुळे काजूगर जळतात/ किंचित गडद होतात.
SW-450	Scorched Wholes	400-450	ड्रायर / ब्रोमायामध्ये भाजताना किंवा वाळवताना जास्त गरम झाल्यामुळे काजूगर जळतात/किंचित गडद होतात.
SW-500	Scorched Wholes	450-500	ड्रायर /ब्रोमायामध्ये भाजताना किंवा वाळवताना जास्त गरम झाल्यामुळे काजूगर जळतात/किंचित गडद होतात.

३. डेझर्ट पूर्ण काजूगर प्रतवारी

प्रत निकष	व्यापारी नाव	आकारविषयक माहिती (संख्या प्रति ४५४ ग्रॅम)	गुणधर्म
SSW	Scorched Wholes Seconds	NA	काजूगर जास्त जळलेले/अपरिपक्व, सुकलेले, फिकट आणि हलके निळे असू शकतात.
DW	Dessert Wholes	NA	काजूगर अधिक जळलेले/ तांबूस /गडद निळे, ठिपकेदार आणि रंग नसलेले असू शकतात.

४. काजूगराच्या पांढऱ्या तुकड्यांची प्रतवारी

प्रत निकष	व्यापारी नाव	आकारविषयक माहिती (संख्या प्रति ४५४ ग्रॅम)	गुणधर्म
B	Butts	NA	पांढरा/फिकट हस्तिदंत/हलकी राख नैसर्गिकरित्या जोडलेले काजूगर उभे-आडवे तुटतात.
S	Splits	NA	पांढरा/फिकट हस्तिदंत/हलकी राख काजूगर नैसर्गिकरित्या लांबीनुसार तुटतात.
LW	Large White Pieces	प्रतनिकष कर्नल दोन पेक्षा जास्त तुकड्यांमध्ये मोडलेले आणि ४ जाळी १६ (SWG) चाळणी/४.७५ मिमी (I.S.Sieve) मधून जात नाहीत.	पांढरा/फिकट हस्तिदंत/हलकी राख
SWP	Small White Pieces	LWP वर वर्णन केलेल्या पेक्षा लहान तुटलेले कर्नल परंतु ६ जाळी २० SWG चाळणी/२.८०mm I.S मधून जात नाहीत.	पांढरा/फिकट हस्तिदंत/हलकी राख
BB	Baby Bite	SWP म्हणून वर्णन केलेल्या परंतु १० जाळी २४ SWG चाळणी/१.७०mm I.S.Sieve मधून जात नसलेल्या Plemulesआणि तुटलेल्या काजूगरापेक्षा लहान.	पांढरा/फिकट हस्तिदंत/हलकी राख

५. काजूगरांच्या खडबडीत तुकड्यांची प्रतवारी

प्रत निकष	व्यापारी नाव	आकारविषयक माहिती (संख्या प्रति ४५४ ग्रॅम)	गुणधर्म
SB	Scorched Butts	NA	नैसर्गिकरित्या जोडलेले काजूगर उभे-आडवे तुटतात. भाजताना किंवा ड्रायरमध्ये वाळवताना जास्त गरम झाल्यामुळे जळू शकतात.
SS	Scorched splits	NA	नैसर्गिक लांबी असलेले काजूगर मधोमध तुटतात. भाजताना किंवा ड्रायरमध्ये वाळवताना जास्त गरम झाल्यामुळे जळू शकतात.
SP	Scorched pieces	४ जाळी १६ (SWG) चाळणी/४.७५ मिमी (I.S.Sieve) मधून न जाणारे तुकडे	भाजताना किंवा ड्रायरमध्ये वाळवताना जास्त गरम झाल्यामुळे काजूगर जळू शकतात.
SSP	Scorched small pieces	SP पेक्षा लहान तुकडे परंतु ६ जाळी (२० SWG) चाळणी/२.८० मि.मि. (I.Sieve) मधून जात नाहीत.	भाजताना किंवा ड्रायरमध्ये वाळवताना जास्त गरम झाल्यामुळे काजूगर जळू शकतात.

६. काजूगरांच्या डेझर्ट तुकड्यांची प्रतवारी

प्रत निकष	व्यापारी नाव	आकारविषयक माहिती (संख्या प्रति ४५४ ग्रॅम)	गुणधर्म
SPS	Scorched pieces second	४ जाळी १६ (SWG) चाळणी/४.७५ मिमी (I.S.Sieve) मधून न जाणाऱ्या तुकड्यांमध्ये मोडलेले काजूगर.	काजूगर जास्त जळलेले अपरिपक्व, सुकलेले, ठिपकेदार, रंगीत आणि हलके निळे असू शकतात.
DP	Dissert pieces	काजूगर ४ जाळी १६ (SWG) मधून जात नसलेल्या तुकड्यांमध्ये मोडतात.	काजूगर जास्त जळलेल्या खोल तपकिरी, खोल निळ्या, रंगीत आणि काळ्या असू शकतात.

स्रोत : सीईपीसीआय

११. पुनःआर्द्रिकरण (किंचित ओलावा आणणे)

पॅकिंगच्या पूर्वी काजूगरामध्ये अपेक्षित ओलावा प्रमाण असल्याची खात्री करणे आवश्यक असते. हे आर्द्रतेचे प्रमाण तीन टक्क्यांपासून पाच टक्क्यांच्या आसपास वाढवावे लागते, यामुळे काजू ठिसूळ होणे रोखता आल्याने वाहतुकीमध्ये तुकडे होण्याची शक्यता कमी होते. आजूबाजूचे वातावरण आर्द्रतायुक्त असल्यास काजूगर हे वातावरणातून आर्द्रता शोषून घेतात. त्यामुळे साल काढण्याची आणि त्यानंतरच्या प्रतवारीच्या टप्प्यांमध्ये पुनःआर्द्रिकरणाची प्रक्रिया पार पाडता येते, मात्र काजूगरातील आर्द्रतेचे प्रमाण ६ टक्क्यांपेक्षा अधिक झाल्यास त्यात बुरशीची वाढ होण्याची शक्यता वाढते, त्यामुळे काजूगरातील आर्द्रतेचे प्रमाण कमाल ५ टक्केच असावे. अनेक प्रक्रिया उद्योजक आर्द्रतेचे प्रमाण योग्य पातळीवर आणण्यासाठी काही सुविधा उभारतात. या सुविधेमध्ये काजूगरांनी भरलेले ट्रे एका रात्रीसाठी आर्द्रतायुक्त अशा बंदिस्त खोलीमध्ये ठेवले जातात.

ज्या वेळी या खोलीतील आर्द्रतेचे प्रमाण कमी होते, त्या वेळी तेथील जमिनीवर पाण्याचा फवारा मारला जातो. ज्या वेळी वातावरणातील सापेक्ष आर्द्रता ही अधिक असते, त्या वेळी अशा उपायांची गरज भासत नाही. काही वेळा आर्द्रता वाढविण्यासाठी वाफेचा वापर केला जातो. संपृक्त अशी वाफ काजूगर ट्रेमध्ये ठेवलेल्या बंदिस्त खोलीतून पुढे पाठवली जाते. आत किती वाफ सोडायची, हे वाफेचे प्रमाण ठरवणे ही वैयक्तिक कौशल्याची बाब असते. (झाम अली आणि अन्य, २०००)

१२. पॅकिंग

निर्यातीसाठी सामान्य पॅकिंग ही ११ किलो (२५ पौंड, 25 IBS = 11 kg)च्या हवाबंद (टीन)

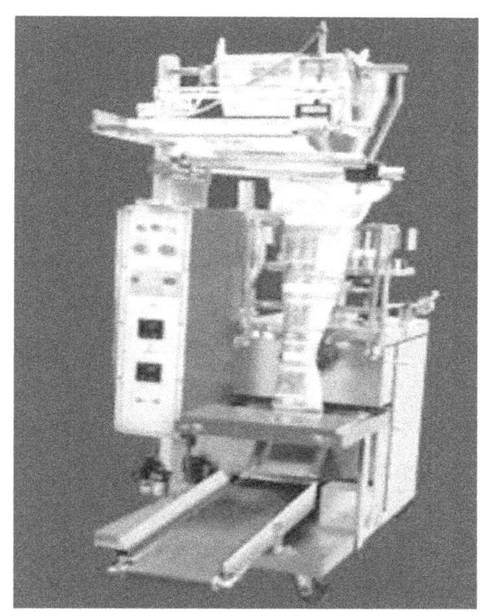

काजू पॅकिंग यंत्र

अशा डब्यांमध्ये केली जाते. काजूगर हा कुरकुरीत राहण्यासाठी विशेषतः त्यात काही काळानंतर येणारा खवटपणा आणि मलूलपणा टाळण्यासाठी अशा प्रकारच्या पॅकिंगची आवश्यकता असते. हे टीन (डबे) साधारणपणे उष्णकटिबंध देशांमध्ये चार गॅलन म्हणजे १६ किलो (१ गॅलन = ४ किलो) आकाराच्या केरोसिन किंवा पॅराफिन तेलाच्या डब्यासारखे असतात. हे टीन स्थानिक पातळीवर बनवणे शक्य झाले, तर रिकामे डबे परत मागवण्याचा व वाहतुकीचा खर्च वाचू शकतो.

पर्यायी उपाययोजना म्हणून स्थानिक पातळीवर टीन डबे निर्मितीचा विचार नक्कीच करावा. अर्थात, हा टीन निर्मितीचा उद्योग करणे एक किंवा दोन प्रक्रियादारांसाठी अवघड व परवडण्यायोग्य नाही. असे असले तरी काही उद्योगांनी अशी टीन डबे बनविण्याची यंत्रणा उभारली असून, अन्य प्रक्रियादारांना त्याचा

पुरवठा केला जातो. (झाम अली आणि अन्य, २०००)

या डब्यामध्ये भरून वजन केल्यानंतर त्यावर झाकण लावून विटा पॅक प्रक्रियेद्वारे सोल्डरिंग केले जाते. या प्रक्रियमेध्ये टीन डब्यांतील वायू काढून टाकला जातो आणि कार्बन-डाय-ऑक्साइडने भरला जातो. या कार्बन-डाय-ऑक्साइडमध्ये काजूगर ठेवण्याचा दुहेरी फायदा होतो. हा उदासीन वायू असून, कोणत्याही सूक्ष्मजीवांच्या वाढीला मदत करत नाही, त्यामुळे काजूगरांमध्ये काही तसे घटक असल्यास त्यांची वाढ रोखली जाते.

दुसरा फायदा म्हणजे कार्बन-डाय-ऑक्साइड हा काजू तेलामध्ये विद्राव्य असून, टीन डबा हवाबंद होताच त्यात मिसळतो, त्यामुळे अत्यंत कमी काळातच डब्याच्या आतील दाब कमी होतो, त्यामुळे टीन डब्याच्या बाजू, खालील व वरील भाग हे किंचित आतमध्ये खेचले जातात, त्यामुळे आतील काजूगर हे एकमेकांजवळ अत्यंत कमी जागेत, न हलता राहतात.

त्यामुळे हालचाल किंवा वाहतुकीमध्ये त्यांचे तुकडे होण्याचे रोखले जाते. हा वायू हवेपेक्षा जड असल्यामुळे तो भरण्याच्या प्रक्रियेमध्ये खालून वर भरत जातो. परिणामी, आतील अन्य सर्व वायू वर ढकलले जातात. काही मोठ्या आकारांच्या यंत्रांवर एका वेळी सहा डबे हवारहित करणे, कार्बन-डाय-ऑक्साइड भरणे या प्रक्रियेसह पॅक केले जातात. काही प्रक्रिया उद्योगांमध्ये व्हॅक्यूम पंप नसतात आणि ते डब्यातील हवा खालील बाजूने छोट्या छिद्राद्वारे कार्बन-डाय-ऑक्साइड दाबाने भरून बाहेर काढतात. त्यानंतर हे खालील बाजूला केलेले छिद्र प्रथम बंद केले जाते. त्यानंतर वरील बाजूचे छिद्र बंद केले जाते, (झाम अली आणि अन्य, २०००).

१३. किडरोगापासून बचावाचे उपाय

काजूगरांमध्ये वाढणाऱ्या हानिकारक घटकांकडे तुलनेने फारच कमी लक्ष दिले जाते. हे हानिकारक घटक साठवणीच्या काळात विशेषतः वर्षाच्या काही विशिष्ट कालावधीमध्ये अधिक सार्वत्रिक होताना दिसतात. चांगल्या प्रक्रिया उद्योगांच्या दृष्टीने त्यावर सतत लक्ष ठेवले गेले पाहिजे. काजूगरांमध्ये आढळणाऱ्या महत्त्वाच्या किडीरोगापासून बचाव कशा प्रकारे करता येईल.

- कोणत्याही प्रादुर्भवापासून वाचण्यासाठी सर्वांत महत्त्वाची संरक्षण प्रणाली म्हणजे स्वच्छता. प्रक्रियेच्या प्रत्येक टप्प्यावर, प्रत्येक खोलीमध्ये उदा., वाळवणे, साल काढणी, प्रतवारी, पॅकिंग स्वच्छता राखली गेली पाहिजे.
- येथील जमिनी आणि भिंती या चांगल्या आणि कोणत्याही भेगांशिवाय असाव्यात. त्यांना नियमितपणे पांढरा रंग द्यावा.
- काही प्रक्रिया उद्योगांमध्ये भिंती जिथे जमिनीशी मिळतात, अशा ठिकाणचे कोपरे कमी करण्यासाठी त्यांना गोलाकार दिलेला असतो, यामुळे स्वच्छता कमी करणे सोपे होते.
- वाळवणे आणि पॅकेजिंग या दरम्यानच्या कामांच्या वेगावर नेहमी एक दडपण असते, कारण या काळातच रोगकिडीचा प्रादुर्भव होऊ शकतो. हा काळ जितका कमी राहील, तितका हा धोका कमी करता येतो.
- किडी त्यांची पैदास ही छोट्या मोठ्या भेगांमध्येही पूर्ण करू शकतात, त्यामुळे त्यांच्या उत्तम स्वच्छतेसाठी चांगली उपकरणे वापरणे अत्यंत गरजेचे आहे.
- काजूगर वाळल्यानंतर अत्यंत संवेदनशील असून, या काळात ते ठिसूळ होण्याचा आणि किडींच्या प्रादुर्भवाचा धोका वाढतो. हा टप्पा

अत्यंत काळजीपूर्वक आणि शक्य तितक्या वेगाने पूर्ण करून काजूगर पुढील टप्प्यात जातील, यावर लक्ष केंद्रित करावे, (झाम अली आणि अन्य, २०००),

आरोग्यपूर्ण स्वच्छता आणि सुरक्षितता

यशस्वी व्यावसायिक कार्यपद्धती ही योग्य अशा अन्न सुरक्षितता आणि आरोग्यपूर्ण स्वच्छतेच्या प्रक्रियेवर अवलंबून आहे. जर यामध्ये हयगय झाल्यास ग्राहकांच्या आरोग्याला धोका पोचू शकतो. कारण

- त्यांच्यापर्यंत विषयुक्त उत्पादन पोचते.
- जीवाणू किंवा बुरशीमुळे पदार्थ विषारी बनू शकतो.
- काचा किंवा अन्य हानिकारक प्रदूषक घटक त्यात आल्यास इजा होऊ शकते.

आरोग्यदायक स्वच्छता : प्रक्रियेच्या दरम्यान स्वच्छतेकडे काळजीपूर्वक लक्ष दिले पाहिजे.

गुणनियंत्रणाची योग्यपद्धतः गुणनियंत्रणाची प्रक्रिया ही उत्तम दर्जाच्या कच्च्या मालापासून सुरू होते. त्यानंतर प्रक्रियेच्या काळातील स्थिती उदा., तापमान, तापवण्याचा कालावधी, धूळ, धातू, दगडे अशा अन्य प्रदूषकांचे मिश्रण रोखण्याचे उपाय, योग्य पॅकेजिंग, यामुळे प्रक्रियेनंतर काजूचे योग्य प्रकारे रक्षण होण्यास मदत होते. या सर्व प्रक्रियेतून प्रदूषणरहित, उत्तम दर्जाच्या काजूच्या उपलब्धतेची खात्री मिळू शकते. कच्च्या काजूबोंडांतील जीवाणू वेळीच नष्ट केले पाहिजेत किंवा त्यांची पातळी ही नेहमी सुरक्षिततेच्या पातळीपेक्षा कमी राहिली पाहिजे, त्यामुळे त्यांची वाढ आणि पुनरुत्पादन रोखणे शक्य होईल. (फेलोज, हायडेलाज आणि जज, १९९९). अशा प्रकारे योग्य आरोग्यदायक प्रक्रियेतून आलेले काजूगर हे खाण्यायोग्य मिळतात. काळाच्या टप्प्यामध्ये प्रक्रिया तंत्रज्ञानामध्ये आणखी सुधारणा होत असून, अनेक प्रक्रिया या सोप्या आणि कार्यक्षम होत आहेत. भारतीय काजू उद्योगामध्ये बहुतांश नावीन्यपूर्ण संशोधन आणि तंत्रज्ञानाचा वापर होत आहे.

REFERENCES

1. Anu Pillai (Anu Cashews), (2004), 'Increasing Domestic Kernels Consumptions, Indian Cashew Convention 2004,' Radisson White Sands Resorts Goa, (In continuation of Konkan Cashew festival 2003.

2. Anil Kumar Shukla, Arun Kumar Shukla, B. B. Vashishta, (2004). Fruit Breeding Approaches and Achievements, Published by the International Book Distributing Company, Lucknow.

3. Brijesh Krishanaswmamy, (Olam Expots), (2004), 'Supply and Demand Dynamics, 2004.' 'Beyond Raw Cashew nuts and Kernels, Indian Cashew Convention 2004,' 'Radisson White Sands Ressort Goa, In continuation of the konkan cashew festival 2003.'

4. Dr.S.H.Zam-Ali, E.C.Judge (2004), 'Small Scale Cashew Nut Processing,' Publishing Management Service, Information Division, FAO viale delle Terme di Caracalla,00100 Rome, Italy.

5. Dr. M.E.R. Sijaona (2002), 'Assessment of the Situation and Development Prospectus for the Cashew nut Sector, Director Agricultural Research Institute (ARI) Naliendele Mtwara, United Republic of Tanzania.

6. Dr. Patil Parashram Jakappa (2012), 'Problems and Prospects of Cashew-112,' Indian Cashew Exports Competitiveness Nut Industry of Kolhapur District, Shivaji University, Kolhapur.

7. D,Vellingiri, D,Thiyagarjan (2007), 'The Cashew nut Industry in India Growth and Prospectus,' The ICFAI Journal of Agricultural Economics Hyderabad.

8. Dr. S.S. Mahajan (2009), 'Role of Cashew nut Industry in Development of Hilly Region In Kolhapur District,' Prof. Dr, N.D. Patil Mahavidalaya Peroid, Shahuwadi, Kolhapur, 'Organized UGC National Conference on Development of Hilly Region : The Problems and Potentials.'

9. Ghana Export Promotional Council (2005), 'The Marker for Cashew nut in India.'

10. G.Giridhar Prabhu (2004), 'Cashew International Market Dynamics 2004, Indian Cashew Convention 2004,' Radisson White Sands Ressort Goa, (In continuation of the konkan cashew festival 2003.

11. H.K. Snadhu (1982), An Econometric Analysis of Indian Export-Share of Cashew Kernels in the World Trade, Indian Journal of Agricultural Economics, 42nd Annual Conference of the Indian Society of Agriculture Economics, Patanagar, (Nainital),

12. Hari Nair (2004), 'Marketing Nutration-for Cashew, Indian Cashew Cashew Convention 2004,' Raddission White Sands Ressorts Goa,(In continuation of the konkan cashew festive 2003.

13. M.C.Nambiar, E.V.V.Baskara.Rao and P.K.Thankamma.Pillai (1990). 'Fruits : Tropical and Subtropical, Published by the Naya Prokashi 206 Bidhan Sarani, Calcutta, 700006 India.

14. Meera Manojkumar (2004), managing the Price for Cashew, Indian Cashew Convention 2004, Radission White Sands Ressort Goa, (In

continutation of the konkan cashew festival 2003.

15. Margaret Mcmillan, Dani Rodrik and Karen Horn Welch (2002), 'When Economic Reform Goes Wrong : Cashew in Mozambique,' National Bureau of Economic Research 1050 Massachusetts Avenue Cambridge, MA02138

16. Minas K Papademtriou, Edward MHerath (1998), 'Integrated Production Practices of Cashew in Asia,' Food and Agriculture's Organization of the United Nations Regional Office for Asia and the Pacific Bangkok, Thailand.

17. Naik Amita Namdeo, A.K.Kovlagi and L.K.Wader (2006), 'Marketing of Cashew Kernels in North District of Goa,' Indian Journal Agriculture Marketing, Publication of Indian Society of Agriculture Marketing 112-Arachna Vishwa K. T. Nagar, Kutol Road Nagpur.

18. Paulo Nicua Mole (2000), 'Economic Analysis of Small holder Cashew Development Mozambique's Northern Provinces of Nampula,' Michigan State University (Department of Agriculture Economics).

19. P.B.Kolekar (2008), 'Kaju Phalzadachi Vyavasayeek Lagwad,' Tatyasaheb Rural Development Center, Pune.

20. P. Ramaswamy, Marketing Officer (1967), 'Mechanization in Cashew Indian Cashew Exports Competitiveness.' 'Processing and its Implications for Indian Cashew Industry,' Indian Journal Agriculture Marketing,Published by the Directorate of Marketing and Inspection, Ministry of Food, Agriculture Community Development & Cooperation (Department of Agriculture), Government of India, Nagpur.

21. P.LKaul (1997), 'Horticulture in India - Production, Marketing & Processing,' Indian Journal of Agriculture Economics, Mumbai.

22. Pankaj Sampat, Samsons Trading Company (2004), 'World Cashew Trade Scenario & Issues, Indian Cashew Convention 2004,' Radisson White Sands Resort Goa, (In continuation of Konkan cashew festival 2003).

23. Praveen Kumar Vijay, (2004) 'Consumer Perspective on Cashew Procurement, Indian Cashew Convention 2004,' Radisson White Sands Resorts Goa, (In continuation of Konkan cashew festival, 2003.

24. R. Torane (2005), 'Performance of Cashew Export from India, Agricultural Marketing,' Journal Published by The Controller of Publication Department of Publications Civil Lines DELHI- 110054.

25. Steven Jafee (1994), 'Private Trader Response to Market Liberalizations in Tanzania's Cashew Nut Industry,' The World Bank Agricultural and Natural Resources Department Agricultural Policies Division.

26. Vasant Desai (1992) Dynamics of Entrepreneurial Development and Management Principles, projects, policies and programmes. Himalaya Publishing House Mumbai.

27. V.A. Parthasarathy, P.K.Chattopadhyay and T.K. Bose and paper written by E.VVBhaskara Rao, K RMSwamy and MG Bhat (2006), Plantation Crop, Published by Paratha Sankar Basu, Naya Udyog, 206.Bidhan Sarani,Kolkata, 700006 India.

28. Walter DSouza, 'Increasing World Cashew Kernels Consumption,' Indian Cashew Convention, 2004, Radisson White Sands Resorts Goa, (In continuation of kokan cashew festival 2003.

२. भारतीय काजू विकास कार्यक्रम

शासकीय यंत्रणांनी गेल्या साठ वर्षांत केलेल्या नियोजनबद्ध प्रयत्नांचा परिपाक म्हणजेच भारतीय काजू व्यवसायाचा विकास होय. या यंत्रणा काजू क्षेत्रासाठी विविध प्रकारे योगदान देत आहेत. काजू व्यवसायासाठी लागवडीपासून त्याच्या विपणनापर्यंत विविध योजना आणि कार्यक्रम उपलब्ध आहेत. काजू विकासाच्या या योजना आणि कार्यक्रम भारतीय काजू बी उद्योगाच्या प्रगतीत एक महत्त्वाची भूमिका पार पाडत आहेत. विविध योजनांमध्ये काजू व्यवसायाचे सर्व घटक समाविष्ट करण्यात आले आहेत.

काजू विकास कार्यक्रम

१. सामान्य घनतेसह काजूच्या रोपांची नव्याने लागवड

उद्देश

अधिक उत्पादन देणाऱ्या वाणांच्या वापरासह काजूच्या अधिक उत्पादन देणाऱ्या नव्या जातींची शेतकऱ्यांच्या शेतांमध्ये लागवड करणे हा या कार्यक्रमाचा उद्देश आहे.

मदतीचा तपशील

यातील लाभार्थ्यांना नॅशनल हॉर्टिकल्चर मिशनच्या (लागवडीचा खर्च पाहा.) गाडलाइन्सनुसार लागवडीचा ५० टक्के खर्च मिळतो, जो हेक्टरी २०,००० रुपयांपर्यंत असेल आणि ४ हेक्टरपर्यंत मिळू शकेल. हे अर्थसाहाय्य तीन हप्त्यांमध्ये ६०:२०:२० याप्रमाणे मिळते. त्यासाठी दुसऱ्या वर्षात ७५ टक्के रोपे आणि तिसऱ्या वर्षात त्यातली ९० टक्के रोपे जगणे

आवश्यक आहे. यापैकी ८५ टक्के रक्कम 'डायरेक्टोरेट ऑफ कोकोआ अँड कॅश्यू डेव्हलपमेंट' (डीसीसीडी) कडून राज्यातील विकास यंत्रणा किंवा स्टेट हॉर्टिकल्चर मिशनला देण्यात येते.

स्टेट हॉर्टिकल्चर मिशन त्यामध्ये १५ टक्के रक्कम घालून लाभार्थ्याला योजनेतील तरतुदीनुसार १०० टक्के रक्कम देते.

प्रक्रिया

नव्या लागवडीसाठी आवश्यक असलेल्या गोष्टी महामंडळ किंवा राज्यातील कृषी विद्यापीठे वा संशोधन संस्था आणि अधिकृत खासगी रोपवाटिकांकडून उपलब्ध करून दिल्या जातात. ज्या खासगी रोपवाटिकांनी 'डायरेक्टोरेट ऑफ कोकोआ अँड कॅश्यू डेव्हलपमेंट'कडून मिळालेल्या निधीतून प्रादेशिक रोपवाटिका स्थापित केल्या आहेत त्यांचा यात समावेश आहे.

या कार्यक्रमाच्या अंमलबजावणीचे डीसीसीडी क्षेत्रीय तपासणीद्वारे संनियंत्रण करते. या कार्यक्रमाच्या अंमलबजावणीची तपासणी करणाऱ्या समितीच्या सदस्यांना प्रतिदिन रुपये ५०० किंवा प्रवास/ महागाई भत्ता देण्यात येतो.

२. जुनी झालेली झाडे काढून टाकणे आणि त्या जागी नवीन जास्त उत्पादन देणाऱ्या जातीची रोपे लावणे

उद्देश

शेतकऱ्यांच्या शेतातील, वन विभागाच्या जमिनीवरील आणि विविध राज्यांतील

महामंडळांच्या जमिनीवरील काजूची झाडे शोधणे आणि जुनी झालेली ही झाडे काढून टाकणे व त्या जागी नवीन जास्त उत्पादन देणाऱ्या जातींची रोपे लावून या कार्यक्रमाची अंमलबजावणी करणे.

मदतीचा तपशील

यामध्ये लागवडीचा ५० टक्के खर्च मिळतो. जो हेक्टरी २०,००० रुपयांपर्यंत असेल आणि ४ हेक्टरपर्यंत मिळू शकते. हे अर्थसाहाय्य तीन हप्त्यांमध्ये ६०:२०:२० याप्रमाणे मिळते. त्यासाठी दुसऱ्या वर्षात ७५ टक्के रोपे आणि तिसऱ्या वर्षात त्यातली ९० टक्के रोपे जगणे आवश्यक आहे. यापैकी ८५ टक्के रक्कम 'डायरेक्टोरेट ऑफ कोकोआ अँड कॅश्यू डेव्हलपमेंट' (डीसीसीडी)कडून राज्यातील विकास यंत्रणा किंवा 'स्टेट हॉर्टिकल्चर मिशन'ला देण्यात येतात. स्टेट हॉर्टिकल्चर मिशन त्यामध्ये १५ टक्के रक्कम घालून लाभार्थ्याला योजनेतील तरतुदीनुसार १०० टक्के रक्कम देते. महामंडळांना डीसीसीडी थेट १०० टक्के अर्थसाहाय्य करते.

प्रक्रिया

नव्या लागवडीसाठी आवश्यक असलेल्या गोष्टी महामंडळ किंवा राज्यातील कृषी विद्यापीठे वा संशोधन संस्था आणि अधिकृत खासगी रोपवाटिकांकडून उपलब्ध करून दिल्या जातात. ज्या खासगी रोपवाटिकांनी भारत सरकारकडून मिळालेल्या निधीतून प्रादेशिक रोपवाटिका स्थापित केल्या आहेत त्यांचा यात समावेश आहे. डीसीसीडीकडून दोन हप्त्यांमध्ये निधी वितरित करण्यात येईल. डीसीसीडीच्या अधिकाऱ्यांकडून प्राथमिक तपासणी पूर्ण झाल्यानंतर आणि संबंधित महामंडळ/ वन विभागाकडून नव्या लागवडीसंदर्भातील देखभाल आणि लागवडपूर्व तयारीबाबत प्रगती अहवाल प्राप्त झाल्यावर यातील पहिला हप्ता वितरित करण्यात येतो. दुसरा आणि अंतिम हप्ता समितीकडून मूल्यमापन अहवाल प्राप्त झाल्यानंतर वितरित करण्यात येतो. खासगी मालकीसाठी यापैकी ८५ टक्के रक्कम 'डायरेक्टोरेट ऑफ कोकोआ अँड कॅश्यू डेव्हलपमेंट' (डीसीसीडी)कडून राज्यातील विकास यंत्रणा किंवा 'स्टेट हॉर्टिकल्चर मिशन'ला देण्यात येतील. स्टेट हॉर्टिकल्चर मिशन त्यामध्ये १५ टक्के रक्कम घालून लाभार्थ्याला योजनेतील तरतुदीनुसार १०० टक्के रक्कम देईल. महामंडळ असल्यास त्यांना डीसीसीडी थेट अनुदान वितरित करण्यात येईल. दोन सदस्यांच्या समितीत संशोधन संस्थेच्या कृषिशास्त्रज्ञांचा समावेश असेल किंवा संशोधन संस्था आणि विकास विभाग हे दोन्ही पुनर्लागवडीच्या क्षेत्राची तपासणी करतील किंवा संशोधन संस्थांच्या शास्त्रज्ञांसोबत डीसीसीडीचे अधिकारी या क्षेत्राची पाहणी करतील. पुनर्लागवड कार्यक्रमाची तपासणी करणाऱ्या समितीच्या सदस्यांना प्रतिदिन ५०० रुपये इतके मानधन देण्यात येईल.

३. काजू झाडांचे पुनरुज्जीवन; तिसऱ्या वर्षाची देखभाल

उद्देश

तिसऱ्या वर्षाच्या देखभालीसाठी केसीडीसीमध्ये उपलब्ध असलेल्या काजूच्या जुन्या झाडांच्या पुनरुज्जीवनासाठी २००८-०९ आणि २००९-१० मध्ये पहिल्या दोन वर्षांसाठी अर्थसाहाय्य केले जाते. हलकी छाटणी, जागेची साफसफाई, खतांचा वापर, मृद्संवर्धनाचा अवलंब

आणि सिंचनासंबंधीच्या विविध गोष्टी लागू करून उत्पादकता वाढवण्यासाठी हे अर्थसाहाय्य केले जाते.

मदतीचा तपशील

हेक्टरी १५००० रुपये इतके अनुदान तीन वर्षांसाठी ५०:३०:२० या प्रकारे देण्यात येत होते. आता तिसऱ्या वर्षासाठी हेक्टरी ३,००० रुपये इतके दिले जाते.

प्रक्रिया

यापूर्वी कोणतेही केंद्रीय साहाय्य प्राप्त न झालेल्या लागवडीसाठी हा निधी डीसीसीडीच्या संचालकांकडून दोन हप्त्यांमध्ये वितरित केला जातो. डीसीसीडीच्या अधिकाऱ्यांकडून प्राथमिक तपासणी पूर्ण झाल्यानंतर आणि संबंधित महामंडळाकडून नव्या लागवडीसंदर्भातील देखभालीबाबत प्रगती अहवाल प्राप्त झाल्यावर यातील पहिला हप्ता वितरित करण्यात येईल. दुसरा आणि अंतिम हप्ता समितीकडून मूल्यमापन अहवाल प्राप्त झाल्यानंतर वितरित करण्यात येईल.

दोन सदस्यांच्या समितीत संशोधन संस्थेच्या कृषिशास्त्रज्ञांचा समावेश असेल किंवा संशोधन संस्था आणि विकास विभाग हे दोन्ही पुनर्लागवडीच्या क्षेत्राची तपासणी करतील किंवा संशोधन संस्थांच्या शास्त्रज्ञांसोबत डीसीसीडीचे अधिकारी या क्षेत्राची पाहणी करतील. पुनर्लागवड कार्यक्रमाची तपासणी करणाऱ्या समितीच्या सदस्यांना प्रतिदिन ५०० रुपये इतके मानधन देण्यात येईल.

४. तंत्रज्ञानाच्या प्रसारार्थ आघाडीच्या पातळीवर तंत्रज्ञानाचे प्रात्यक्षिक

अ. शेतकऱ्याच्या काजूच्या शेतात तंत्रज्ञानाचे प्रात्यक्षिक

उद्देश

क्लोनची लागवड, मृदा व जलसंधारणासाठीच्या उपाययोजनांचा अवलंब आणि सिंचन अशा गोष्टींचा अवलंब करण्यासाठीच्या शिफारस केलेल्या प्रगत तंत्रज्ञानाची प्रात्यक्षिके दाखविणे. शेतकऱ्यांची शेते निश्चित करणे आणि तेथे सामान्य घनतेसाठी क्लोन्सची लागवड, मृदा व जलसंधारण आणि सिंचनासाठीचे विविध उपाय, अशा शिफारस केलेल्या तंत्रज्ञानाचे प्रात्यक्षिक करून दाखवणे.

मदतीचा तपशील

प्रकल्पाधारित अर्थसाहाय्य पहिल्या म्हणजेच २००९-१० या वर्षासाठी देण्यात आले आणि कामगारांवरील खर्च वगळता प्रकल्पाच्या ७५ टक्के खर्च जास्तीतजास्त २२,५००रुपयांपर्यंत ५०:३०:२० या आधारावर तीन वर्षांसाठी देण्यात येतो. हा खर्च संबंधित संशोधन संस्थेच्या शिफारशीनंतर देण्यात येतो. आता दुसऱ्या वर्षासाठी देखभालीच्या खर्चापोटी हेक्टरी ७७५० रुपये इतकी रक्कम मंजूर करण्यात आली आहे.

प्रक्रिया

स्वयंसेवी संस्था/ कृषी विज्ञान केंद्र/ नोंदणीकृत सहकारी संस्था यांच्यामार्फत स्थानिक संशोधन संस्थेच्या सहकार्याने अर्थसाहाय्य पुरविण्यात येते. निरीक्षण करण्याच्या संस्थेला प्रतिहेक्टरी १ हजार इतकी रक्कम वाहन भाड्याने घेण्यासह वाहतुकीसाठी देण्यात येईल. संबंधित संस्था/ लाभार्थी यांना अर्थसाहाय्य तसेच संस्थेला वाहतुकीसाठीचा खर्च डीसीसीडीकडून अंमलबजावणी करण्याच्या संस्थेमार्फत धनादेश/ डिमांड ड्राफ्टद्वारे देण्यात येईल. सामंजस्य करारावर स्वाक्षऱ्या झाल्यानंतर ५० टक्के रक्कम

देण्यात येईल आणि उर्वरित ५० टक्के रक्कम डीसीसीडीने स्थापित केलेल्या समितीने सत्यापित केल्यानंतर देण्यात येईल. या समितीमध्ये संशोधन संस्थेतील शास्त्रज्ञ आणि डीसीसीडीचे अधिकारी यांचा समावेश राहील. कार्यक्रमाच्या अंमलबजावणीची पाहणी करणाऱ्या समितीच्या सदस्यांना सध्याच्या नियमांनुसार दररोज ५०० रुपये याप्रमाणे मानधनासह प्रवास व इतर भत्ता देण्यात येईल. प्रात्यक्षिकासाठीचे क्षेत्र अशा रीतीने निर्धारित केले जाईल की प्रत्येक शेतकऱ्याचे किमान १ हेक्टर आणि कमाल ४ हेक्टर क्षेत्र त्यात समाविष्ट होईल. या कार्यक्रमांतर्गत शेतकऱ्यांकडून मिळालेले सर्व अर्ज संशोधन संस्था/राज्य कृषी विद्यापीठे किंवा आयसीएआर/ कृषी विज्ञान केंद्राच्या शास्त्रज्ञांनी प्रमाणित केलेले असावेत.

ब. संस्थांच्या काजूच्या शेतात तंत्रज्ञानाचे प्रात्यक्षिक

उद्देश

सुरुवातीच्या काळात कृषी विद्यापीठे/संशोधन संस्था आणि महामंडळे अशा धोरणात्मक क्षेत्रातील शेतांची निवड करण्यात येत असे. तेथे नव्याने येऊ घातलेल्या अत्याधुनिक तंत्रज्ञानाची प्रात्यक्षिक करून दाखविण्यात येत असत. आता प्रात्यक्षिकांसाठीची ही शेते तिसऱ्या वर्षाच्या देखभालीसाठी अर्थसाहाय्याकरिता निवडण्यात येतात.

मदतीचा तपशील

या योजनेंतर्गत प्रात्यक्षिकासाठी शेताच्या निर्मितीसाठी कामगारांसाठीच्या खर्चासह वार्षिक खर्चाच्या १०० टक्के अर्थसाहाय्य केले जाते. नियमित पद्धतीनुसार हे अर्थसाहाय्य पहिल्या

वर्षी १५ हजार, दुसऱ्या वर्षासाठी ९ हजार आणि तिसऱ्या वर्षासाठी ६ हजार रुपये इतकी रक्कम देण्यात येते. सेंद्रिय लागवडीसाठी हेक्टरी पहिल्या वर्षासाठी २० हजार रुपये, दुसऱ्या वर्षासाठी १२ हजार रुपये आणि तिसऱ्या वर्षासाठी ८ हजार रुपये इतकी रक्कम खर्चापोटी देण्यात येते. आंतरपीक म्हणून अननस, पपईसारख्या पिकांसाठी हेक्टरी ३० हजार रुपये किंवा प्रत्यक्ष खर्च यापैकी जी रक्कम कमी असेल ती देण्यात येईल. डाळिंब, आले, हळद यासाठी पहिल्या वर्षी १५ हजार रुपये, दुसऱ्या वर्षी ९ हजार रुपये आणि तिसऱ्या वर्षी ६ हजार रुपये इतकी रक्कम २००८-०९ मध्ये मंजूर करण्यात आली आहे.

प्रक्रिया

आघाडीच्या तंत्रज्ञान प्रात्यक्षिकासाठी किमान क्षेत्र १ हेक्टर इतके आहे. सामान्य घनता/ उच्च घनतेसाठी क्लोनिंगसह साधारण पॅकेज संयुक्त किंवा एकल सिंचन आणि मृद्संवर्धन आणि सामान्य घनतेखाली आंतरपिकासह क्लोनिंग लागवडीचा अवलंब केला पाहिजे. संशोधन संस्था महामंडळाच्या मालकीच्या जमिनीतील प्रात्यक्षिक शेतांचे पर्यवेक्षण आणि संनियंत्रण करेल. त्यासाठी संस्थेला प्रतिहेक्टरी हजार रुपये इतका खर्च वाहन भाड्यासह प्रवास व इतर खर्चापोटी देण्यात येईल.

क. संस्थेच्या आणि शेतकऱ्यांच्या शेतात तंत्रज्ञानाचे प्रात्यक्षिक

उद्देश

सामान्य घनतेच्या लागवडीअंतर्गत क्लोन्सची लागवड, मृद् व जलसंधारणाच्या पद्धतींचा अवलंब यांसह विविध लागवडींच्या विविध प्रकारांच्या अंमलबजावणीसाठी

शिफारस केलेल्या आधुनिक तंत्रज्ञानाच्या प्रात्यक्षिकासाठी शेतकऱ्यांच्या आणि संस्थांच्या शेतांची निवड करणे.

मदतीचा तपशील
प्रकल्प आधारित मदत दिली जाते

प्रक्रिया
सर्व पॅकेजेससह या प्रकल्पाचा प्रस्ताव राष्ट्रीय फलोत्पादन अभियानाच्या निकषांनुसार अंमलबजावणी करणारी संस्था सादर करेल.

५.काजूच्या उत्पादन अंदाजाविषयीचे आकडेवारीवर आधारित सशक्त सर्वेक्षण

उद्देश
प्रत्येक हंगामात काजूच्या उत्पादनाचे वास्तववादी मूल्यांकन करणे हे या कार्यक्रमाचे उद्दिष्ट आहे.

अ. यासाठी नेमलेल्या सर्वेक्षकाला प्रति शेतकरी १०० रुपये इतका भत्ता दिला जाईल. हा भत्ता एका जिल्ह्यातील १२० शेतकऱ्यांच्या सर्वेक्षणासाठी १२ हजार रुपयांपर्यंत सीमित राहील.

ब. या कामासाठी समाविष्ट केलेल्या राज्य कृषी विद्यापीठाच्या संशोधन विभागाच्या प्रत्येक केंद्राला सर्वेक्षणासाठीची साधने, प्रशिक्षणासाठीचा भत्ता, प्रवासखर्च, लेखनसामग्री यासाठी ५ हजार रुपये इतकी रक्कम प्रस्तावित करण्यात आली आहे.

क. या सर्वेक्षणावर देखरेख करण्यासाठी राज्य कृषी विद्यापीठाच्या शास्त्रज्ञांना प्रत्येक जिल्ह्यासाठी ३ हजार रुपये इतकी रक्कम दिली जाईल.

ड. सर्वेक्षणाअंती हाती आलेल्या आकडेवारीचे संकलन आणि विश्लेषण यासाठी तज्ज्ञांना प्रत्येक जिल्ह्यासाठी हजाराइतकी रक्कम देण्यात येईल.

प्रक्रिया
या प्रकल्पात जोडलेले विविध कृषी विद्यापीठांच्या अखत्यारीतील शास्त्रज्ञ सर्वेक्षकांची संख्या निश्चित करतील, त्यांना सर्वेक्षणासंबंधी विविध बाबींवर प्रशिक्षण देतील आणि त्यांना वेळापत्रकानुसार सर्वेक्षणाच्या कामात नेमतील.

६. काजूफळाच्या वापरासाठीचे प्रशिक्षण

उद्देश
काजूफळापासून काजू सिरप बनवण्याचे प्रशिक्षण देऊन काजूफळाच्या वापराला लोकप्रिय बनविणे हे या कार्यक्रमाचे उद्दिष्ट आहे.

मदतीचा तपशील
एक दिवसाच्या प्रशिक्षणासाठी माणशी ५०० रुपये इतका भत्ता जेवण आणि न्याहारी, प्रशिक्षकांचा प्रवास खर्च आणि या प्रशिक्षण कार्यक्रमाच्या आयोजनासाठी आयोजक संस्थेला देण्यात येईल.

प्रक्रिया
या कार्यक्रमांतर्गत निवडलेल्या लाभार्थ्यांना राज्य कृषी विद्यापीठाच्या संशोधन संस्थेत किंवा आधीच्या वर्षी संचालनालयाने जेथे काजूफळावरील प्रक्रियेसाठी पुरेशा पायाभूत सुविधा उपलब्ध करून दिल्या आहेत, अशा स्वयंसेवी संस्थेत प्रशिक्षण देण्यात येईल.

७. शेताच्या ठिकाणी काजूबोंडांसाठी प्रक्रिया केंद्राची उभारणी करणे

उद्देश
गृहोद्योग म्हणून काजूबोंडांवरील प्रक्रियेसाठी शेताच्या ठिकाणीच काजूप्रक्रिया केंद्राची उभारणी

करणे आणि त्याद्वारे चांगले उत्पन्न मिळविणे तसेच त्यातून गावाच्या पातळीवर आणि विशेष करून बेरोजगार महिलांसाठी रोजगार उपलब्ध करून देणे, हे या कार्यक्रमाचे उद्दिष्ट आहे.

मदतीचा तपशील

वैयक्तिक शेतकरी/ प्रक्रियादार/ बचतगट/ सोसायट्यांना शेताच्या ठिकाणी ४० किलो क्षमतेपर्यंत काजूप्रक्रिया केंद्राच्या उभारणीसाठी अर्थसाहाय्य करण्यात येईल. यासाठी आर्थिक मूल्यमापन पतआधारित राहील आणि त्यासाठी प्रकल्प खर्चाच्या ४० टक्के किंवा ५० हजार रुपये यापैकी जी रक्कम कमी असेल तितक्या रकमेचे अनुदान देण्यात येईल. उर्वरित ६० टक्के रक्कम शेतकऱ्यांना कोणत्याही राष्ट्रीयीकृत बँकेकडून कर्जरूपाने मिळवावी लागेल.

प्रक्रिया

प्रक्रिया केंद्राची पाहणी आणि डीसीसीडीने स्थापन केलेल्या समितीच्या शिफारशीनंतर डीसीसीडी अनुदानाची रक्कम थेट बँकेकडे हस्तांतरित करेल.

८. सध्या अस्तित्वात असलेल्या जुन्या काजूप्रक्रिया केंद्रांचे अद्ययावतीकरण

उद्देश

विविध राज्यांमधील काही जुनी काजूप्रक्रिया केंद्रे आजही जुनाट पद्धतींचा वापर करीत आहेत, त्यांचे अद्ययावतीकरण करणे हे या कार्यक्रमाचे उद्दिष्ट आहे.

मदतीचा तपशील

वैयक्तिक शेतकरी/ प्रक्रियादार/ बचतगट/ सोसायट्यांना काजूगर काढण्यासाठी ३२० किलो बॉयलर क्षमतेच्या एका केंद्रासाठी २ लाख ८० हजार इतके किंवा प्रकल्प खर्चाच्या ४० टक्के यांपैकी जी रक्कम कमी असेल तितक्या रकमेचे अर्थसाहाय्य देण्यात येईल. अर्थसाहाय्य पतआधारित व अनुदानाच्या तरतुदीसह असेल. उर्वरित ६० टक्के रक्कम शेतकऱ्यांना कोणत्याही राष्ट्रीयीकृत बँकेकडून कर्जरूपाने मिळवावी लागेल.

इतर योजना

१. काजू आणि कोकोआवरील मनुष्यबळ विकास प्रशिक्षण कार्यक्रम

उद्देश

ज्ञान आणि कौशल्य यांच्यातील अंतर कमी करून काजू आणि कोकोआच्या गतिमान विकासाला चालना देणे हे या कार्यक्रमाचे उद्दिष्ट आहे. यामध्ये काजू आणि कोकोआ लागवडीत समाविष्ट असलेल्या लोकांना संबंधित राज्यातील राज्य कृषी विद्यापीठांच्या संशोधन विभागातर्फे व्यवस्थापकीय आणि तांत्रिक कौशल्यांचे प्रशिक्षण देण्यात येईल.

मदतीचा तपशील

अ. राज्यांतर्गत प्रशिक्षण : राज्यांतर्गत प्रशिक्षणाला उपस्थित राहण्यासाठी प्रति शेतकरी प्रतिदिन ७५० रुपये इतका भत्ता तीन दिवसांसाठी देण्यात येईल. हा भत्ता सर्वांत जवळच्या मार्गाने प्रशिक्षण स्थळापर्यंत पोहोचण्यासाठीचा प्रवास खर्चाच्या रकमेव्यतिरिक्त वेगळा देण्यात येईल.

ब. राज्याबाहेरील प्रशिक्षण : अन्य राज्यांतील उत्पादन आणि व्यवस्थापनाच्या पद्धतींविषयी जाणून घेण्यासाठी आणि क्षेत्रभेटीसाठी शंभर

रुपये इतका भत्ता तीन दिवसांसाठी देण्यात येईल. हा भत्ता सर्वांत जवळच्या मार्गाने प्रशिक्षण स्थळापर्यंत पोहोचण्यासाठीचा प्रवास खर्चाच्या रकमेव्यतिरिक्त वेगळा देण्यात येईल.

क. अभ्यास भेट : जवळच्या राज्यात प्रशिक्षणवजा भेटीसाठी ६०० रुपये इतका भत्ता प्रवासाचा कालावधी, निवास, भोजन सर्व धरून सात दिवसांसाठी देण्यात येईल. प्रशिक्षण साहित्यही देण्यात येईल.

प्रक्रिया

राज्य कृषी विद्यापीठाच्या संशोधन विभागातर्फे हा कार्यक्रम राबविण्यात येईल. काजू आणि कोकोआशी संबंधित विविध बाबींवर ५० शेतकऱ्यांना प्रशिक्षण देण्यात येईल. संबंधित संशोधन केंद्र या प्रशिक्षण केंद्रासाठी शेतकऱ्यांची निवड करेल. प्रशिक्षणाची पद्धत दोन प्रकारची असते. एक म्हणजे दृक्-श्राव्य सादरीकरण असलेली व्याख्यान पद्धती आणि दुसरी म्हणजे शेते आणि प्रक्रिया केंद्रे यांना भेट देणे.

२. अ. प्रसिद्धी काजू आणि कोकोआसाठी जिल्हास्तरावरील कार्यशाळा

उद्देश

लागवड, प्रक्रिया, विपणन आणि निर्यात या प्रक्रियांशी संबंधित शेतकरी समूह आणि अन्य लक्ष्यगटांपर्यंत उत्पादनाच्या अत्याधुनिक तंत्रज्ञानाचा प्रसार करण्यासाठी जोरदार प्रसिद्धीचा वापर करणे हे या कार्यक्रमाचे उद्दिष्ट आहे.

काजू/कोकोआ शेतकरी, विस्तार कार्यकर्ते, अधिकारी, उत्पादक अशा सुमारे १५० लोकांच्या प्रशिक्षणाच्या आयोजनासाठी आयोजक संस्थेला ५० हजार इतकी रक्कम देण्यात येईल.

प्रक्रिया

हा कार्यक्रम डीसीसीडीकडून संशोधन संस्था, राज्य कृषी विद्यापीठांच्या नोंदणीकृत सोसायटी, शेतकरी संघटना, स्वयंसेवी संस्था यांच्या माध्यमातून आयोजित करण्यात येईल.

ब. काजू आणि कोकोआवरील राज्यस्तरीय कार्यशाळा

उद्देश

काजू आणि कोकोआच्या राज्यातील विकासासाठी उपयुक्त विकास धोरण आखणे आणि त्यानुसार धोरणात्मक निर्णय घेणे हे या कार्यक्रमाचे उद्दिष्ट आहे. यामध्ये शास्त्रज्ञ, शेतकरी आणि या उद्योग व व्यापारातील घटकांचा सक्रिय सहभाग अपेक्षित आहे.

मदतीचा तपशील

आयोजनाच्या खर्चापोटी राज्याला ३ लाख इतकी रक्कम देण्यात येईल.

प्रक्रिया

संबंधित राज्यातर्फे संशोधन संस्था, राज्य कृषी विद्यापीठे आणि विकास संस्थेच्या संयुक्त विद्यमाने ३०० सहभागींची दोन दिवसांची कार्यशाळा आयोजित करण्यात येईल.

'द कॅश्यू एक्स्पोर्ट प्रमोशन कौन्सिल ऑफ इंडिया' (सीईपीसीआय) यांनी काजूबोंडांचे देशातील उत्पादन वाढविण्याकरिता पुरेसा निधी उपलब्ध करून देण्याची आणि आवश्यक योजना निर्माण करण्याची आग्रही मागणी केंद्र

सरकारकडे केली आहे. भारतातील काजूबोंड प्रक्रिया उद्योगाची कच्च्या काजूची वार्षिक गरज अंदाजे १५ लाख टन इतकी आहे आणि देशांतर्गत स्रोतांतून मिळणाऱ्या कच्च्या काजूचे प्रमाण याच्या निम्म्याहून कमी आहे. उर्वरित काजूची गरज अन्य उत्पादक देशांकडून आयातीद्वारे भागवली जाते.

कच्च्या काजूच्या बाबतीत देशाला स्वयंपूर्ण बनविणे आवश्यक आहे. सीईपीसीआयचे अध्यक्ष टी. के. शहाल एच. मुसलियार यांनी कौन्सिलच्या ५६व्या वार्षिक सर्वसाधारण सभेत बोलताना सांगितले की, 'काजू व कोकोआ विकास संचालनालयाच्या अंदाजानुसार २००९-१० या वर्षात भारतातील काजूबोंडांचे उत्पादन ६ लाख, १३ हजार टन इतके होते. यात किंचित वाढ होऊन २०१०-११मध्ये हे उत्पादन ६ लाख, ५३ हजार टनांपर्यंत पोहोचला. कृषी मंत्रालयाच्या अखत्यारीतील 'काजू व कोकोआ विकास संचालनालया'नुसार उत्पादनात वाढ होण्यासाठी काही योजनांच्या अंमलबजावणीच्या दिशेने पावले उचलत आहे, असेही त्यांनी सांगितले.

काजूच्या जागतिक बाजारपेठेतील भारताचा वाटा लक्षात घेता, 'ग्लोबल कॅश्यू टास्क फोर्स'मधील सहभागातून जागतिक बाजारपेठेत देशाचे नेतृत्व उभे राहील, त्यामुळे यात केंद्र सरकारने सहभागी व्हावे, अशी विनंती अध्यक्षांनी केली आहे. स्पेन आणि VINACAS (व्हिएतनाम), SINDICAJU (ब्राझील), ACA (अकरा आफ्रिकन देशांची प्रतिनिधी संघटना) आणि अन्य महत्त्वाच्या घटकांच्या सोबतीने आयएनसी (इंटरनॅशनल नट अँड ड्राड फ्रूट फाउंडेशन) ने जागतिक काजू उद्योगाच्या हितासाठी 'ग्लोबल कॅश्यू टास्क फोर्स'च्या निर्मितीला मान्यता देऊन त्यासाठीच्या करारावर स्वाक्षरी केल्या आहेत.

ग्लोबल टास्क फोर्सकडून पोषण आणि आरोग्यविषयक दाव्यांबाबतचे संशोधन, आंतरराष्ट्रीय अन्न सुरक्षिततेचे निकष आणि काजूचा प्रसार या तीन महत्त्वाच्या बाबींवर लक्ष्य केंद्रित करणे अपेक्षित आहे. यासाठी निधी पुरवण्याची विनंतीही त्यांनी सरकारकडे केली आहे. या उद्योगाच्या निर्यातीमधील कामगिरीचा संदर्भ देत काजूगर, काजूबोंड कवचाचे तेल आणि अन्य उत्पादनांच्या निर्यातीतून देशाला २०१०-११ या वर्षात २ हजार ९३० कोटींचे परकीय चलन मिळाले, मात्र काजूगराच्या निर्यातीवर जागतिक आर्थिक मंदीचा विपरीत परिणाम सुरूच आहे. २००९-१० या वर्षाच्या तुलनेत २०१०-११ या वर्षात काजूगराच्या निर्यातीत १.२८ टक्के घट झाली आहे.

या निर्यातीतून मिळणाऱ्या उत्पन्नाचा संदर्भ लक्षात घेता VKGUY आणि DEPB या योजना सुरू ठेवण्याची विनंतीही त्यांनी सरकारकडे केली आहे. असे न केल्यास व्हिएतनाम आणि ब्राझीलच्या तगड्या स्पर्धेसमोर आंतरराष्ट्रीय बाजारात भारतीय काजू निर्यातदारांसाठी टिकणे अवघड होऊन जाईल, (द हिंदू, २०११).

योजना आणि काजू विकास कार्यक्रम गरजेचे असून त्याचा काजूची लागवड, उत्पादन, प्रक्रिया आणि निर्यात तसेच कच्च्या मालाची आयात कमी करण्यासाठी मदत होत आहे, मात्र काजू उद्योगाशी संबंधित योजना आणि कार्यक्रमांमध्ये धोरणात्मक बदल करणे गरजेचे आहे, त्यामुळे या उद्योजकांना मोठ्या प्रमाणात लाभ घेता येऊ शकेल. हे उद्योजक भारतीय काजू उद्योगात योगदान देऊ शकतील.

REFERENCES

1. Balasubramanian P.P. (1996), 'Three Decades of Cashew Development in India-An Introspection' Souvenir of 7th National Seminar On Cashew Development in India-Enhancement of Production and Productivity. Directorate of Cocoa and Cashew Development.

2. Cashew Promotional Council of India.

3. Directorate of Cashew and Coca Development.

4. Dr. Patil Parashram Jakappa (2012), 'Problems and Prospects of Cashew-nut Industry of Kolhapur District,' Shivaji University, Kolhapur.

5. Kolekar P.B (2008) 'Kaju Phalzadachi Vyavasayeek Lagwad' Tatyasaheb Rural Development Center, Pune.

6. Kolekar P.B. (2009) 'Status of Cashew Development in Maharashtra States' Souvenir on 7th National Seminar on Cashew Development in India-Enhancement of Production and Productivity. Directorate of Cocoa and Cashew Development.

7. Indian Cashew Journal, Cashew Promotional Council of India.

8. Prabhu G. Girdhar (2001), 'Prospects for Value Added and By-Products of Cashew,' Proceeding of World cashew congress 2001 India, cashew exports promotion council of India.

9. Prabhu G, Girdhar, Pillai Anu S., Sankar A., Nair K. Gopinathan, Shahal 122 Indian Cashew Exports Competitiveness. T.K., Hassan Musaliar (2001), 'Cashew the Millennium Nut Past Present and Future Of World Cashew Congress,' 2001, cashew exports promotion council of India.

10. Pillai (1996), 'Import of Cashew- A Dwindling Phenomena : Domestic Production Needs Augmentation' Souvenir of National seminar on Development of Cashew Industry in India, Directorate of cashew nut and Cocoa Development, ministry of Agriculture Government of India.

11. Prabhu (1996), 'Raw Cashew-nut Transaction in India' Souvenir of National seminar on Development of Cashew Industry in India, Directorate of cashew nut and cocoa Development, ministry of Agriculture Government of India.

12. Rao E.V.V. Bhaskar (1996), 'Cashew Research Infrastructure in India and Achievements', Souvenir of national Seminar on Development of Cashew Industry in India, Directorate of Cashew Nut and Cocoa Development, Ministry of Agriculture Government of India.

13. Souvenir of 1st National Seminar on Cashew Goa (1994), Directorate of Cocoa and Cashew Development.

14. http://www.thehindubusinessline.com/economy/agri-business/ govt-schemes-sought-to-boost-cashew-production/article2503449.ece.

● ● ●

३. संकल्पनात्मक शब्दावली

१. काजू

अ. काजू : हे ॲनाकार्डियाशियस (nacardium occidentale L.) कुळातील एक झाड आहे. त्याचे 'कॅश्यू' हे इंग्रजी नाव झाडाच्या फळाच्या 'काजू' या पोर्तुगीज नावावरून पडले आहे. तर भारतीय नाव 'अकाजू' या नावावरून आले आहे. हे काजूबोंड आणि काजूचे फळ उत्पादनासाठी उष्णकटिबंधीय प्रदेशात मोठ्या प्रमाणात पिकवले जाते. (इएन. विकिपीडिया ऑफ कॅश्यू, २०११)

ब. काजूबियांच्या टरफलाचे तेल

काजूबियांच्या टरफलाचे तेल (सीएनएसएल) हे काजू उद्योगातील एक बहुआयामी उपउत्पादन आहे. काजू बीच्या वर सुमारे एक अष्टांश इंच जाडीचे कवच असून, त्यात मधाच्या पोळ्यासारख्या मऊशार षटकोनी रचनेमध्ये गडद लालसर तपकिरी असा किंचित घट्टसा द्रव असतो. काजूच्या बीभोवती पसरलेल्या या तेलाला 'सीएनएसएल' म्हणतात. असंपृक्त फेनॉलसाठी हा उत्तम आणि स्वस्त घटक मानला जातो. (कॅनकोइंडिया, २०११)

२. काजूचे बोंड

काजूचे बोंड हे टरफलाशी जोडलेले असून, त्याची वर्गवारी जगभरातील मोठ्या कंपन्यांच्या गरजेनुसार काळजीपूर्वक केली जाते. टरफलापासून वेगळे केलेले बी वाफवून त्याचे कवच मऊ केले जाते आणि मग हे बी कापून वेगळे केले जाते. ही बी सुकवून त्यावरचे पातळ आवरण ढिले केल्यानंतर सोलून काढण्यात येते. अख्ख्या काजूचे आकार आणि रंगांच्या आधारावर वर्गीकरण केले जाते. तुकडे हव्या त्या आकारात कापले जातात. धातुशोधनासह अंतिम गुणवत्ता नियंत्रणानंतर ते ताजे ठेवण्यासाठी हवाबंद स्थितीत पॅक केले जातात. (कॅनकोइंडिया, २०११)

३. कच्चे काजू

कच्चे काजू हा काजू कारखान्यांसाठीचा कच्चा माल आहे. हे मूळ फळाला जोडलेले असते. त्याला सुमारे एकअष्टांश इंच जाडीचे कवच असते. त्यात मधाच्या पोळ्यासारख्या रचनेमध्ये गडद लालसर तपकिरी घट्टसा द्रव म्हणजेच तेल असते.

४. काजू आडते

काजू आडते (दलाल) हे काजूप्रक्रिया कारखान्याच्या वतीने काजू उत्पादक शेतकऱ्यांकडून कच्चे काजू घेतात. त्यासाठी ते कमिशन घेतात.

५. काजू व्यापारी

काजू व्यापार हे काजूच्या कच्च्या बिया विकण्याचा व्यवसाय करतात. ते प्रक्रियाकर्ते किंवा व्यापारी असू शकतात.

६. किरकोळ व्यापारी

किरकोळ व्यापारी ही अशी व्यक्ती असते जी गावकऱ्यांकडून छोट्या प्रमाणात कच्चे काजू विकत घेते आणि ते काजू दलालांना विकते.

७. ढेकण्या

ढेकण्या ही काजूवरील महत्त्वाची कीड असून, हेलोपेलिट्स या वर्गातील कीटकांना 'टी मॉस्किटो बग' असे म्हणतात, (सुंदरराजू, २००१).

८. काजू खोड आणि मूळ पोखरणारे कीटक

ही काजूवरील एक कीड आहे. काजूचे खोड आणि मूळ पोखरणारे किडे (प्लोकॅंडरस फेरुजिनस एल.) (कोलियोप्टेरा : सेरांबायसिडे) ही संपूर्ण भारतात आढळणारी काजूवरील कीड आहे. विशेष करून पश्चिमी तटाच्या भागात पी. फेरुजिनसच्या जोडीला पी. ओबेसस जी. आणि बॅटोसेरा रुफोमाकुलाता डीईजी हे कीटकही आढळतात, (सुंदरराजू, २००१).

९. मररोग

मररोग हा काजूवरील एक रोग आहे. पश्चिम घाटाच्या भागात काजूच्या नव्या रोपांवर टीएमबीचा हल्ला झाल्यास कोवळे कोंब आणि फांद्या वरून वाळत खालपर्यंत येतात, (सुंदरराजू, २००१).

१०. फुलोऱ्यावरील रोग

ब्लाईट किंवा अँन्थ्रॅक्नोज हा काजूवरील एक रोग आहे. टी मॉस्किटो बगच्या मोहोरावरील प्रादुर्भावामुळे झालेल्या जखमांमध्ये सी. ग्लोस्पोरिड्स आणि दोन अज्ञात जातींच्या बुरशीचा प्रादुर्भाव होतो, (सुंदरराजू, २००१).

११. पारंपरिक काजू लागवड

पारंपरिक लागवड पद्धतीमध्ये शास्त्रीय दृष्टिकोनाचा अभाव असून, त्यात सुयोग्य जमीन, काजूच्या वाणाची निवड, पाणी व खतांचे चुकीचे व्यवस्थापन, आंतरपीक, पिकांचे संरक्षण, अयोग्य कापणी अशा बाबींचा समावेश होतो, त्यामुळे या पद्धतीमध्ये उत्पादकताही कमी राहते, (कोळेकर, २००८).

१२. व्यावसायिक काजू लागवड

व्यावसायिक लागवड पद्धतीमध्ये उत्तम जमिनीच्या निवडीपासून, योग्य त्या जातीची निवड, पाणी व खतांचे योग्य व्यवस्थापन, आंतरपीक, पिकांचे संरक्षण, योग्य काढणी, अशा शास्त्रीय पद्धतींचा अवलंब केलेला असतो, त्यामुळे यातून उत्पादकताही अधिक मिळते, (कोळेकर, २००८).

१३. काजूच्या विविध जाती (वाण)

काजू संशोधन करणाऱ्या विविध केंद्रांनी काजूच्या सुमारे ३६ जाती शोधल्या आहेत. त्यात बीपीपी ६, बीपीपी ८, बीपीपी ४, उल्लाल ११, चिंतामणी १, व्हीआरआय, व्हीआरआय ३, भुवनेश्वर १, धना, व्ही ४, व्ही ६, व्ही ७, खांका गोवा १, एनडीआर २-१, व्ही १, व्हीआरआय २ इ. (राव आणि अन्य, २००१).

१४. काजूफळ

हे वास्तविक फळ नसून फुगलेला देठ आहे. याला काजू बी जोडलेले असते. काजूच्या फळात व्हिटॅमिन सी मोठ्या प्रमाणात असते. स्थानिक लोक ते पिकल्यावर ताजे खातात किंवा त्याचा रस बनवतात. हे फळ चकचकीत लाल, नारंगी किंवा पिवळ्या रंगाचे असते. हे फळ ताजे खाल्ले जाते, (ट्रेड विंड्स फ्रूट, २०१०).

१५. कच्च्या काजूची प्रतवारी

कच्च्या काजूच्या बियांचे आकार, वजन आणि गुणवत्तेनुसार वर्गीकरण करण्याची ही एक प्रक्रिया आहे. चांगल्या दर्जाच्या कच्च्या

काजूला चांगली प्रत समजली जाते. त्याला बाजारातही चांगली किंमत मिळते.

१६. दर्जा व संख्या

कच्च्या काजूचा दर्जा त्याच्या संख्येवर अवलंबून असतो. १ किलो काजूबियांसाठी किती काजू लागेल. उदा. १ किलोमध्ये कच्च्या काजूच्या १६० बिया बसत असतील तर त्याचा अर्थ १६० संख्या असा होतो.

१७. कच्च्या काजूची बाजारपेठ

हे कच्च्या काजूच्या खरेदी आणि विक्रीचे ठिकाण होय.

१८. कामगारकेंद्रित

उत्पादनाची प्रक्रिया बहुतांश करून यंत्रांऐवजी कामगारांच्या साहाय्याने करावी लागते. आणि एकूण भांडवलाच्या खर्चापिक्षा कामगारांवरील खर्च अधिक असणे होय.

१९. उपउत्पादन

काजूच्या उपउत्पादनामध्ये काजू बीच्या टरफलापासून तेल (सीएनएसएल), वान, काजूफळाची उत्पादने, इथेनॉल आणि टेस्टा प्लायवूड इ. घटकांचा समावेश होतो.

●●●

संक्षिप्त रूपे

- **डीसीसीडी :** काजू आणि कोकोआ विकास संचालनालय, कोचिन *(Directorate of Cashew and Cocoa Development, Cochin- DCCD)*
- **सीपीईसीआय :** भारतीय काजू निर्यात प्रोत्साहन परिषद *(The Cashew Promotional Exports Council of India - CPECI)*
- **एनआरसीसीपी :** काजू राष्ट्रीय संशोधन केंद्र, पुत्तूर *(National Research Center for Cashew, Puttur - NRCCP)*
- **सीएनएसएल :** काजू बोंडाच्या टरफलापासून तेल *(Cashew-nut Shell Liquid Oil - CNSL)*
- **आयपीआर :** बौद्धिक संपदा हक्क *(Intellectual Property Right - IPR)*
- **जीआय :** भौगोलिक संकेत *(Geographical Indications - GI)*
- **आयएआरआय :** भारतीय कृषी संशोधन संस्था *(Indian Agriculture Research Institute - IARI)*
- **आयआयएफटी :** भारतीय विदेशी व्यापार संस्थान *(Indian Institute of Foreign Trade - IIFT)*
- **एफएओ :** संयुक्त राष्ट्रांची अन्न आणि कृषी संघटना *(Food and Agriculture Organization of the United Nations- FAO)*
- **आयएनसी :** सुकामेव्याची आंतरराष्ट्रीय परिषद *(International Nut Council - INC)*
- **आयएआरआय :** भारतीय कृषी संशोधन संस्था *(Indian Agriculture Research Institute - IARI)*

डॉ. परशराम जकाप्पा पाटील

- डॉ. परशराम पाटील हे भारतीय कृषी अर्थशास्त्रज्ञ, लेखक आणि फेलो, नेहरू मेमोरियल म्युझियम अँड लायब्ररी (NMML), भारत सरकार.
- आशियाई विकास बँक, संयुक्त राष्ट्र फ्रेमवर्क कन्व्हेन्शन ऑन क्लायमेट चेंज, वाणिज्य आणि उद्योग मंत्रालय, कृषी प्रक्रिया केलेले अन्न आणि निर्यात विकास प्राधिकरण (APEDA), नाबार्ड कन्सल्टन्सी सर्व्हिसेस प्रायव्हेट लिमिटेड, स्टार्ट-अप इंडिया यांसारख्या राष्ट्रीय व आंतरराष्ट्रीय संस्थांचे डॉ. पाटील माजी सल्लागार तसेच काहींचे विद्यमान सल्लागार आहेत.
- ग्रामीण विकास ट्रस्ट, ऍग्रिकल्चरल डेव्हलपमेंट ट्रस्ट, ग्लोबल फोरम फॉर रुरल अँडव्हायझरी सर्व्हिसेस, स्वित्झर्लंड, क्वालिटी कौन्सिल ऑफ इंडिया, ब्यूरो व्हेरिटास, नैसर्गिक संसाधन संस्था आणि फ्लोरी ऍग्रो एक्सपोर्ट्स (एलएलपी)चे अध्यक्ष आहेत.
- भारत सरकार आणि खासगी क्षेत्राला कृषी अर्थशास्त्र, वन लेखापरीक्षण, हवामान बदल यांवर धोरणात्मक सल्ला व मार्गदर्शन डॉ. पाटील करत असतात.

शेतीपूरक व्यवसायांचा आवाका, संधी, आर्थिक गणिते यांविषयी शास्त्रोक्त, तपशीलवार माहिती देणारी पुस्तके

पृष्ठसंख्या : 144

किंमत ₹240

सोयाबीन
खाद्योपयोग व प्रक्रिया उद्योग
डॉ. सी. द. कुलकर्णी

पृष्ठसंख्या : 120

किंमत ₹180

कमी खर्चाचे मुरघास निर्मिती तंत्र
डॉ. एस. पी. गायकवाड

पृष्ठसंख्या : 170

किंमत ₹290

दुग्धप्रक्रिया तंत्र
डॉ. धीरज कंखरे

पृष्ठसंख्या : 112

किंमत ₹160

कृषी पर्यटन
मनोज हाडवळे